Reinhold M. Karner

Wahre Werte statt schnelles Geld

Dieses Buch widme ich meiner lieben Frau Ilse Barbara, die unverbrüchlich mit mir durch dick und dünn, durch alle Höhen und Tiefen ging und mir stets eine unschätzbar wertvolle Sparringpartnerin war und ist. Ihr gebührt ein signifikanter Anteil an den in diesem Buch niedergeschriebenen Lehren und Erkenntnissen. Sie bestätigt den Spruch »Hinter jedem erfolgreichen Mann steht eine starke Frau«. Ein solches Miteinander ist in jeder Partnerschaft immens wichtig.

Zudem danke ich allen, die mich unterstützt, an mich geglaubt, mir geholfen und an diesem Buch mitgewirkt haben.

Reinhold M. Karner

WAHRE WERTE statt schnelles Geld

So machen Sie Ihr Unternehmen
krisenfest und langfristig erfolgreich

Externe Links wurden bis zum Zeitpunkt der Drucklegung des Buches geprüft. Auf etwaige Änderungen zu einem späteren Zeitpunkt hat der Verlag keinen Einfluss. Eine Haftung des Verlags ist daher ausgeschlossen.

Ein Hinweis zu gendergerechter Sprache: Die Entscheidung, in welcher Form alle Geschlechter angesprochen werden, obliegt den jeweiligen Verfassenden.

Bibliografische Information der Deutschen Nationalbibliothek

Die Deutsche Nationalbibliothek verzeichnet diese Publikation in der Deutschen Nationalbibliografie; detaillierte bibliografische Daten sind im Internet über http://dnb.d-nb.de abrufbar.

ISBN 978-3-96739-155-8

Lektorat: Claudia Franz, Oberstaufen | info@text-it.org
Umschlaggestaltung: Martin Zech Design, Bremen | www.martinzech.de
Titelabbildung: Alexander Mikhailov | iStock
Satz und Layout: Das Herstellungsbüro, Hamburg | www.buch-herstellungsbuero.de
Druck und Bindung: Salzland Druck, Staßfurt

Wir drucken in Deutschland.

www.gabal-verlag.de
www.gabal-magazin.de
www.facebook.com/Gabalbuecher
www.twitter.com/gabalbuecher
www.instagram.com/gabalbuecher

PEFC zertifiziert
Dieses Produkt stammt aus nachhaltig bewirtschafteten Wäldern und kontrollierten Quellen.

PEFC
PEFC04-31-2251

www.pefc.de

Erfolg zu haben, ist keine große Kunst.
Die große Kunst ist, den Erfolg langfristig zu halten.
Dies ist eine permanente Herausforderung,
die nach ganz eigenen Spielregeln und Mechanismen
funktioniert.
Memento mori!

Inhalt

Vorwort von Prof. Dr. Arnold Weissman 9

Praxis bricht Theorie 11

I. Die spannende Frage: Was regiert die Welt wirklich?

1. Denn sie wissen, was sie tun 16
2. Unternehmertum – auf Felsen oder Sand gebaut? 20
3. Start-ups: von Draufgängern und Pferdewetten 27
4. Entrepreneurship-Studium: Trockenschwimmen im Hörsaal 33
5. Die klassische Grundidee des Unternehmertums 37
6. Wer wen regiert, das interessiert auch mich 47

II. Persönlichkeitsmanagement des Unternehmers

1. Haben Sie heute schon gebrannt? 54
2. RMK-Decision-Scout: Erfolg durch kluge Entscheidungen 58
3. Erfolgreiche Unternehmer und Pokerspieler kennen die Regeln 68
4. Wer an seinen Schwächen arbeitet, wird schwach 74
5. Die drei heiligen Quellen des Unternehmers 78
6. Schwierigkeiten? Her damit! 85

III. Erfolgreich ohne Herzinfarkt

1. Erfolg: Alles nur Glück? 94
2. Warum erfolgreich sein doch ein Geheimnis ist 100
3. Wir alle wollen erfolgreich sein. Wie ist man erfolgreich? 103
4. Erfolgreich bleiben ist eine hohe Kunst 109
5. Vernunft ist wie kühles Wasser 113
6. Der erfolgreiche Umgang mit Geld 118

IV. Das krisenfeste Unternehmen

1. Das chinesische Märchen 128

2. Über den Unsinn von strategischen Planungen 134

3. Innovation: Lurche in der Sahara züchten? 141

4. Das resiliente Unternehmen 147

5. Krisen meistern – aber wie? 152

6. Führung und Menschenwürde: ein Widerspruch? 157

V. Das Ende des Darwinismus? Die neue Unternehmenskultur

1. The Winner takes it all? 166

2. Stimmt Darwins Theorie? 169

3. Ist der Darwinismus überholt? 178

4. Darwins katastrophaler Beitrag 183

5. Faszination Symbiose: das Modell der Zukunft 188

6. Die neue Unternehmensidee: Ist der Löwe stärker als die
   Mücke? 195

Gedanken der Orientierung

Wertekanon – Festung oder Wackelpudding? 206

Für jeden Tag ein guter Gedanke 210

Anmerkungen 217

Über den Autor 224

Bitte beachten

Aus Gründen der besseren Lesbarkeit wird bei Personenbezeichnungen und personenbezogenen Hauptwörtern überwiegend die männliche Form verwendet. Entsprechende Begriffe gelten im Sinne der Gleichbehandlung grundsätzlich für alle Geschlechter. Die verkürzte Sprachform beinhaltet keine Wertung, sondern hat ausschließlich redaktionelle Gründe.

Vorwort von Prof. Dr. Arnold Weissman

Prof. Dr. Arnold Weissman (*1955) ist Unternehmer, Professor für Unternehmensführung, spezialisiert auf Familienunternehmen, Aufsichtsrat und Executive Coach. Der Autor vieler Fachbücher wurde bekannt durch die Methodik des »Systems Weissman – 10 Stufen zum Erfolg«. Seine WeissmanGruppe ist in Deutschland, Österreich, Italien und der Schweiz vertreten und erhielt von der *WirtschaftsWoche* den »Best-of-Consulting«-Award 2019 und von *brand eins* das Siegel »Beste Berater« 2016, 2017, 2018, 2019 und 2021.

Viele Unternehmen stehen vor der größten Transformation ihrer Geschichte. Ob Digitalisierung, Hyper-Connectivity, Integration, künstliche Intelligenz, Plattformökonomie, Nachhaltigkeit, Klimawandel, Diversity oder demografischer Wandel: Veränderte Rahmenbedingungen stellen bislang erfolgsverwöhnte Unternehmen vor enorme Herausforderungen. Viele Unternehmen werden erkennen: Fairness, Nachhaltigkeit und Verantwortung (»Fair-Stainability«) sind nicht nur Anforderungen, die sie erfüllen müssen, um rechtlichen oder sonstigen Rahmenbedingungen gerecht zu werden. Vielmehr werden sich diese Werte auch als wahre Wachstumstreiber in der Zukunft herausstellen.

Gleichzeitig geht es auf der Ebene der Eigentümer oft um einen Übergang vom eigentümergeführten zum eigentümergesteuerten Unternehmen. Die Trennung von Eigentum und Verfügungsgewalt, der sogenannte Principal-Agent-Konflikt, erreicht allein schon aus Mangel an geeigneten Nachfolgern aus dem Kreis der Familie zahlreiche Familienunternehmen.

Diese »doppelte« Transformation, sowohl auf Unternehmens- als auch auf Eigentumsseite, stellt eine echte Zeitenwende dar. In dieser Intensität hat es so etwas vermutlich noch nie gegeben. Und es spricht vieles dafür, dass sich unsere Welt auch in Zukunft rasch verändern wird. Gerade in solchen Situationen brauchen Unternehmen Orientierung, einen klaren Handlungsrahmen. Sie benötigen einen Nordstern, an dem sie sich ausrichten können. Diesen Nordstern, einen theoretisch fundierten und praktisch erprobten Leitfaden, hätte ich mir zu Beginn meiner Unternehmerlaufbahn gewünscht – ergänzt um eine gehörige Prise gesunden Menschenverstand. Solch ein Leitfaden hätte mir viele Umwege und schmerzvolle Lernerfahrungen erspart. Genau diesen Leitfaden hat Reinhold M. Karner mit seinem Buch »*Wahre Werte statt schnelles Geld*« nun geschrieben.

Reinhold M. Karner zeigt, warum ein klares, gelebtes Wertesystem das tragende Fundament für jedes Unternehmen ist. Die Bedeutung von Werten kannten schon die Lateiner: Das Wort »valere« bedeutet auf Deutsch zunächst »stark sein, kräftig sein«. Insofern machen Werte stark. Unternehmen, die zukunftsfähig sein wollen, brauchen ein Wertesystem. Und sie brauchen Führungskräfte, die diese Werte als Vorbilder für die ganze Organisation vorleben.

Unternehmer und Führungskräfte müssen Mut machen. Genau dazu regt Reinhold M. Karner mit diesem Buch voller Lebenserfahrung und Energie an. Gespickt mit Ideen, Erfahrungen, Lebensweisheiten – und ohne erhobenen Zeigefinger. Vor Ihnen liegt zudem nicht der hundertste Ratgeber, der mit einfachen Mitteln schnellen Erfolg verspricht, sondern eine klare Anleitung, wie Sie von diesen Erfahrungen profitieren können.

Auch für mich – nach fast 50 Jahren als Unternehmer und Berater – bietet dieses Buch einen wahren Schatz an Ideen und ungewöhnlichen Perspektiven.

Ich wünsche diesem Buch den Erfolg und die Verbreitung, die es verdient hat.

Ihr
Arnold Weissman

Praxis bricht Theorie

Als junger Unternehmer und auch später war ich in vielen Situationen unsicher, ja ratlos. Ich konnte keine klaren, hilfreichen Antworten auf meine Fragen finden. Oft habe ich auf Ratgeber gehört, deren Vorschläge zunächst plausibel klangen, sich später aber als fatales Kuckucksei herausstellten. Wahrscheinlich gibt es keinen umfassenden Leitfaden für das Leben als Unternehmer, der uns von Anfang an alles richtig machen lässt. Und doch habe ich mir vorgenommen, auf der Basis meiner über 40-jährigen 360°-Erfahrung im Business, als Unternehmer, Unternehmensberater und Coach von Gründern genau den wertvollen Ratgeber zu schreiben, den ich mir in meiner Laufbahn von Anfang an so oft gewünscht hätte.

Ich bin überzeugt: Nicht alle Erfahrungen und Fehler muss man selbst machen. Deshalb gleich vorweg: Nein, dies ist kein weiterer Erfolgsratgeber auf der Basis moderner Managementtheorien. In herausfordernden, schwierigen Situationen war es so gut wie nie eine Managementtheorie, die mir gefehlt hätte. Man bedenke: Rund 70 % aller strategischen Pläne und Initiativen bleiben erfolglos.[1] Und ernüchternde, fundierte Statistiken zeigen, dass Erfolg bei Start-ups die Ausnahme ist. Die Norm ist das Scheitern![2] Das liegt meines Erachtens nicht an einem Mangel an Theorie. In Zeiten der Unsicherheit und des Umbruchs funktionieren viele Managementtheorien ohnehin nur bedingt. Theorie ersetzt die Praxis nicht. Auch die Natur kommt ganz gut ohne Theorie aus. Die Praxis bricht immer die Theorie. Das Leben ist praktisch, nicht theoretisch.

Statt Experimente braucht es eine Rückbesinnung auf das, was in der Praxis schon immer zuverlässig funktioniert hat. Eine modernisierte Rückbesinnung – mit einem Blick in die Zukunft. Denn die Idee, dass man aus der Geschichte lernt, ist zwar wahr, aber nur halb wahr: Man lernt vorwiegend aus einer klugen Betrachtung der Gegenwart! Ein Erfolg versprechender Ansatz ist die Werteorientierung. Damit gelingt am Ende eine organische, resiliente und verlässliche Wertschöpfung. Wer weiß, wofür er antritt und wofür er steht, orientiert sich nicht am schnellen Geld. Stattdessen denkt er in langfristigen Horizonten. Dadurch bekommt der Modebegriff »Nachhaltigkeit« eine tiefere Bedeutung: Wir können tatsächlich langfristig erfolgreich sein und zugleich den Werten unserer Zeit gerecht werden.

Erfolg und Sinn schließen einander nicht aus, sie potenzieren einander. Davon, von gesundem Menschenverstand, von zeitlosen Wahrheiten und Realitäten sowie von praxiserprobten, krisenfesten Erfolgsanleitungen und fundierten Erklärungen ist in diesem Buch reichlich zu lesen. Zudem stellt es eine neue Unternehmensidee für das neue Zeitalter vor.

Sind Sie Gründer oder gehören Sie auch zu den vielen Unternehmern und Managern, die das aktuelle Umfeld herausfordert? Rauben Ihnen die neuen Anforderungen manchmal die Motivation und die Kraft? Versuchen Sie zugleich, mit den ständigen Veränderungen Schritt zu halten, um langfristig erfolgreich zu sein? Dann bietet Ihnen dieses Buch den Instrumentenkasten, den Sie benötigen, um ein erfolgreicher und gleichzeitig entspannter, begeisterter und zuversichtlicher Unternehmer zu sein.

Was für jeden guten Unternehmer gilt, gilt auch für mich: Was Sie in diesem Buch lesen, ist keine graue Theorie. Das ist gelebte, geprüfte und bewährte Praxis, das ist Lebenserfahrung, das ist unternehmerisches Weltwissen für Sie zusammengefasst. Sie erhalten wertvolle Orientierung für Ihren Erfolg, Ihr Leben, Ihr Umfeld, Ihr Team, Ihre Zukunft.

Sie erfahren zum Beispiel …

- was die Welt wirklich regiert,
- wie Sie erfolgreich werden und bleiben,
- wie Sie das Thema Innovation ideal handhaben,
- warum Sie die Finger von Ihren Schwächen lassen sollten,

- was Sie über unternehmerische Spielregeln wissen sollten,
- wieso Sie nicht in die Falle des chinesischen Märchens tappen sollten,
- wie Sie erfolgreich mit Planung, Führung und Geld umgehen,
- wie Sie im neuen Zeitalter ein überlebensfähiges Start-up aufbauen,
- warum Darwins »Survival of the Fittest« falsch, fatal und deshalb zu verbannen ist.

Und nun wünsche ich Ihnen viel Spaß beim Lesen. Ich hoffe, dass Ihnen dieses Buch ein wertvoller Begleiter auf Ihrem unternehmerischen Weg ist und es Sie trotz aller Widrigkeiten in diesen Zeiten davon überzeugen kann: Unternehmer sein macht Spaß. Und noch mehr Spaß macht es, ein erfolgreicher Unternehmer zu sein!

Ihr *Reinhold M. Karner*
www.RMK.org

Übrigens: Dieses Buch setzt sich unverhohlen auch damit auseinander, wie sich die Kultur des Unternehmertums in den vergangenen Jahrzehnten fehlentwickelt hat. Um dies zu verdeutlichen, wird der Bogen gelegentlich bewusst etwas überspannt. Insofern mag das Buch den einen oder anderen Gerechtigkeitsmangel haben. So waren natürlich nicht alle Unternehmer und Financiers der Vergangenheit nur vorbildliche oder schlechte Menschen. Genauso wenig wie alle Unternehmenstheoretiker der letzten Jahrzehnte nur abgehobene oder verirrte Denker waren. Doch wie heißt es so schön: »*Erst die Karikatur verzerrt die Wirklichkeit zur Kenntlichkeit!*«

Kapitel I

Die spannende Frage: Was regiert die Welt wirklich?

Im ersten Kapitel widmen wir uns einer Bestandsaufnahme und beleuchten die Herausforderungen, Probleme und Fehlentwicklungen des heutigen Unternehmertums. Was unterscheidet den Unternehmer vom Manager? Wie steht es um die Gründer- und Start-up-Szene sowie die Entrepreneurship-Ausbildung? Und was ist eigentlich die klassische Grundidee des Unternehmertums seit jeher? Außerdem sehen wir uns an, was Unternehmer antreibt und wie es um die Machtfrage bestellt ist.

1. Denn sie wissen, was sie tun

Ohne Unternehmerinnen und Unternehmer gibt es keine Unternehmen. Und ohne sie gibt es keine Arbeitsplätze. Weder der Chef der Kantine noch die Leiterin der Poststelle hätten ihren Job, wenn nicht jemand irgendwann einmal die Geschäftsidee gehabt hätte, die das Unternehmen ausmacht. Unternehmer sind wichtig, um die Wirtschaft, den Wohlstand und dadurch so vieles andere, vom Sozialsystem bis zur Politik, am Laufen zu halten. Die interessante Frage ist jedoch: Was unterscheidet einen Unternehmer vom Manager? Fakt ist: Der Unterschied ist gravierend.

Der Berufsstand der Vollblutunternehmer

Ein Vollblutunternehmer ist der, der eigenverantwortlich handelt, der sein Unternehmen weitgehend selbst finanziert und auch das Risiko trägt. Ihm stehen auch die erwirtschafteten Gewinne zu. Zugleich weiß er, dass er einen guten Teil dieser Gewinne in die Fortentwicklung, die Stärkung, das Wachstum und die Absicherung seines Unternehmens reinvestieren muss. Jemand, dem das Unternehmen selbst gehört, wird genügend Umsicht, Vorsicht und Fürsorge walten lassen und auch ein Interesse daran haben, dass es seiner Firma immer gut geht. Weil Herzblut, Schweiß und Tränen im Unternehmen stecken, wird er nötigenfalls auch dafür kämpfen, es zu erhalten. Koste es, was es wolle!

Der österreichisch-amerikanische Ökonom Peter F. Drucker (1909–2005) gilt als Pionier der modernen Managementlehre und als origineller, unabhängiger Denker des Unternehmertums. Für ihn gehört es zum Unternehmertum, Risiken einzugehen.[3] Laut Peter F. Drucker ist ein Unternehmer bereit, für seine Ideen sogar seine Karriere, seine finanzielle Absicherung und seine wirtschaftliche Existenz aufs Spiel zu setzen. Und er ist auch bereit, sehr viel Zeit und Geld zu investieren, um seine Ziele erfolgreich zu verwirklichen. Dabei liegt es in der Natur der Sache, dass Risiken gerade für neue Produkte, Dienstleistungen und Markteintritte nicht berechenbar sind. Ein Unternehmer muss daher stets unter Unsicherheit entscheiden.

Wichtig ist, dass Unternehmerinnen und Unternehmer wissen, dass sie sich für einen Lebensstil und einen Beruf entschieden haben, in dem sie in letzter Konsequenz eine Art »Alphatier« sind. Denn ein Unternehmer ist immer oben, vorn, an der Spitze. Ein Unternehmer kann in mehreren Verbänden engagiert sein, gute Kollegen und Freunde haben, doch schlussendlich ist er in seiner Rolle meistens ein wenig einsam. Auch wenn es Beiräte, Aufsichtsräte oder Beratergremien gibt: Der Unternehmer trifft Entscheidungen letztlich immer mit sich selbst. Und er weiß nie sicher, ob sie richtig sind. Schlägt er diesen oder jenen Weg ein? Jetzt oder später? Mit welchen Partnern? Baut oder mietet er hier oder dort, größer oder kleiner oder doch nicht? Investiert er in innovative Produkte? Wagt er sich in neue Märkte oder zieht er sich aus bestimmten Segmenten besser zurück?

Das Unternehmerleben sieht nach außen oft toll aus. Aber es bedeutet auch, sich darauf einzustellen, dass es schnell sehr einsam werden kann. Ein Unternehmer muss es auch aushalten, dass die Presse ihn an einem Tag lobt und am anderen heftig kritisiert. Deshalb benötigen Unternehmer neben einer starken Widerstandskraft auch Strategien gegen die Einsamkeit.

Der technokratische versus emphatische Manager

Kaum ein Unternehmen wurde von einem seiner Manager gegründet. Der Manager hat es auch nicht selbst finanziert. Er haftet auch nicht umfänglich und ist nur für eine gewisse Zeit da. Ist der Manager erfolgreich, bleibt er meistens länger. Und wenn er weniger oder gar nicht erfolgreich ist? Das ist schlecht für das Unternehmen, aber nicht unbedingt für den Manager. Häufig bekommt er trotzdem seine Abfindung, einen Bonus. Und dann? Dann ist er weg und innerhalb kürzester Zeit beim nächsten Unternehmen. Aber die Zukunft des Unternehmens ist ihm im schlimmsten Fall egal. Sie kann ihm auch egal sein. Das ist ein gravierender Unterschied zum Unternehmer, der für sein Unternehmen lebt.

Unternehmer, die gute Führungskräfte suchen, stehen vor einer großen Herausforderung: Sie müssen Manager finden, die gegenüber dem Unternehmen eine Verantwortung spüren, auch wenn es ihnen nicht gehört. Und da scheiden sich die Geister. Aus Sicht eines Unternehmers gibt es im Wesentlichen zwei Managertypen:

- Sehr viele sind der *technokratische Managertyp*. Sie verhalten sich aus Eigeninteresse taktisch klug, so wie es primär für sie selbst gut ist.
- Andere sind der *emphatische Managertyp*. Sie vertreten tatsächlich wahre Werte und fühlen sich für das Unternehmen verantwortlich, das sie engagiert hat. Emphatische Manager sorgen sich so um das Unternehmen, als wäre es ihr eigenes.

Diese Unterscheidung ist für Unternehmer elementar: Langfristig dürfte der emphatische Managertyp größere Erfolge für das Unternehmen erzielen. Das liegt auf der Hand. Denn die Perspektive dieser Führungskräfte reicht weiter.

Der OPM-Unternehmer

Eine typische und aus meiner Sicht problematische Konstellation ist der OPM-Unternehmer, wie ich ihn nenne. OPM steht für »Other People's Money«. OPM-Unternehmer sind in meinen Augen eine Mischung aus technokratischem Managertyp und Unternehmer. Wir finden sie immer häufiger bei Start-ups. Ihnen gehört zwar ein gewisser Anteil am Unternehmen, aber sie finanzieren es nicht umfänglich und tragen meist nur ein asymmetrisches Risiko. Anders als klassische Unternehmer gehen sie kaum Haftungsrisiken oder Verantwortung ein. Ihre Familien sind nicht involviert und es gibt wenig emotionale Bindung an das Unternehmen. Eine langfristige Zukunft im Unternehmen ist von diesem Gründertypus nur selten vorgesehen. OPM-Unternehmer haben ein völlig anderes Selbstverständnis: Sie greifen auf alle Arten von Other People's Money zurück. Beispielsweise auf das Geld von Investoren, die ihrerseits auf Basis meist knallharter Term Sheets zu Miteigentümern werden. Häufig sind alle Beteiligten in erster Linie am Turbowachstum und am schnellen Geld interessiert, nicht aber am langfristigen Bestand des Unternehmens.

Der Anteil der OPM-Unternehmer am Unternehmen schrumpft mit jeder weiteren Finanzierungsrunde. Bald gehört ihnen das Unternehmen nur noch zu kleinen Teilen. Durch die Kontrollrechte und Zustimmungsvorbehalte der Geldgeber haben dann andere das Sagen. Und daran wird sich auch in Zukunft kaum etwas ändern.

2. Unternehmertum – auf Felsen oder Sand gebaut?

Jeder strebt nach Erfolg. Zu Recht. Erfolg zu haben, ist keine große Kunst. Die große Kunst ist es, den Erfolg langfristig zu bewahren. Nachhaltiger Erfolg funktioniert nach ganz eigenen Spielregeln und Mechanismen.

Die westlichen Gesellschaften haben sich an das Unternehmertum gewöhnt. Gerade in Demokratien ist es selbstverständlich geworden. Denn nur in der freien Welt ist ein freies Unternehmertum möglich, das sich einerseits in einem freien, fairen Wettbewerb befindet und sich andererseits auf einen Rechtsstaat verlassen kann. Und so hängen Demokratie, Stabilität und Freiheit unmittelbar mit dem Unternehmertum zusammen. Denn sichere Arbeitsplätze kommen nun einmal in erster Linie von erfolgreichen Unternehmen. Dass eine solide Wirtschaft eine Demokratie stabilisiert und dabei Wohlstand ermöglicht, ist jedoch kein Selbstläufer. Dazu braucht es das Bewusstsein, die Akzeptanz, den Willen und den Respekt aller in der Bevölkerung – einschließlich Arbeitnehmer, Konsumenten, Politik und Bildung.

Die Dimension unserer Unternehmerlandschaft

Ich weiß, als Unternehmerin, Unternehmer oder Managerin, Manager wollen Sie nicht auch noch hier von Zahlen verfolgt werden. Aber ein paar interessante Kennzahlen möchte ich doch nennen:

In Europa haben wir den großen Vorteil eines riesigen Anteils an Kleinst-, Klein- und mittelständischen Unternehmen. Diese breite Diversifizierung ist eine einzigartige Voraussetzung für eine robuste Wirtschaft. Wir hängen weit weniger als andere von Großunternehmen und Konzernen ab. Das ist der bewährte europäische Weg, eine

Stärke. Laut Eurostat-Bericht »*Key figures on European business – 2022 edition*« existieren in den EU- und EFTA-Mitgliedsstaaten in der Realwirtschaft – also exklusive der Finanz- und Versicherungswirtschaft – 23,2 Millionen Unternehmen.[4] Sagenhafte 98,9 % davon sind Kleinst- und Kleinunternehmen mit bis zu 49 Beschäftigten. Weitere 0,9 % sind mittlere Unternehmen mit bis zu 250 Mitarbeitern. Und nur 0,2 % sind Großunternehmen mit mehr als 250 Beschäftigten oder Konzerne. Das heißt: Unsere Unternehmenslandschaft besteht zu 99,8 % und somit fast komplett aus Kleinstunternehmen und KMU. Von den 193 Millionen Erwerbstätigen im EU- und EFTA-Raum beschäftigen sie 64,4 % der 131,5 Millionen Arbeitnehmer in der Realwirtschaft und tragen in dem Segment 52,5 % zur Gesamtwertschöpfung bei.

Die drei großen Herausforderungen des Unternehmertums

1. Die Lebensdauer

Das erste, große Problemfeld ist, dass die durchschnittliche Lebensdauer von Unternehmen seit Jahrzehnten sinkt. So betrug sie im Jahr 2020 für Firmen im »Standard and Poor's 500 Index«, der die 500 größten börsennotierten US-Unternehmen umfasst, laut Statista etwas mehr als 21 Jahre.[5] Im Jahr 1965 waren es noch 32 Jahre. Nach einer McKinsey-Studie lebten Unternehmen in dieser Kategorie im Jahr 1958 durchschnittlich 61 Jahre.[6] McKinsey prognostiziert, dass bis zum Jahr 2027 ganze 75 % der 2016 im S & P 500 notierten Unternehmen verschwunden und durch andere ersetzt sein werden. Es gibt also einen klaren, langfristigen Trend zur Verkürzung der Lebensdauer von Unternehmen.

In der EU lag die durchschnittliche jährliche Schließungsrate von Unternehmen, auch »Death Rate« genannt, laut »*Eurostat regional yearbook – 2022 edition*« bei 8,3 %.[7] Die »Death Rate« liegt seit Langem bei etwa 8 bis 10 % pro Jahr, was auf eine durchschnittliche Lebensdauer der Unternehmen von 10 bis 12,5 Jahren hindeutet. Wie die Unternehmerzeitung *WirtschaftsKurier* berichtet, schaffen es laut Creditreform Deutschland weniger als 2 % aller Unternehmen, ihr 100-jähriges Firmen-Jubiläum zu erreichen.[8] McKinsey-Partner Claudio Feser hat ermittelt:

- dass die Hälfte der börsennotierten Unternehmen bereits innerhalb eines Jahrzehnts wegstirbt,
- dass nur eins von sieben Unternehmen (rund 14 %) das 30. Bestandsjahr erreicht,
- dass es nur jeder 20. Betrieb (rund 5 %) bis zum 50. Jahrestag schafft.[9]

Untersuchungen der Universität Rostock[10] kommen zu ähnlichen Ergebnissen wie die Studie »*The Mortality of Companies*« des Santa Fe Institute mit über 25.000 Unternehmen: Ob man Bananen, Flugzeuge oder was auch immer herstellt oder verkauft, die Sterblichkeitsrate von Unternehmen entwickelt sich branchenübergreifend ähnlich.[11]

2. Die Neugründungen

Das zweite Problem besteht darin, dass die Zahl der Unternehmensgründungen – vom Handwerker, Einzelhändler und Produzenten bis hin zur Anwaltskanzlei und der klassischen Kapitalgesellschaft – in den meisten Ländern ebenfalls seit Jahren rückläufig ist. Darüber kann auch die durchschnittliche Gründungsrate von 8 bis 10 % pro Jahr nicht hinwegtäuschen, wenn man die Zahlen genauer betrachtet.[12] Gab es beispielsweise in Deutschland laut Statista im Jahr 2000 noch 1,29 Millionen und im Jahr 2001 noch 1,55 Millionen Gründerinnen und Gründer, so ist diese Zahl über die Jahre sukzessive auf unter 600.000 im Jahr 2021 eingebrochen.[13] Laut »*KfW-Gründungsmonitor 2020*« stieg die Zahl der Existenzgründungen in Deutschland im Jahr 2019 erstmals seit 15 Jahren wieder um 58.000 auf 605.000.[14] Allerdings war dieses Plus auf Nebenerwerbsgründungen zurückzuführen.[15] Die Vollerwerbsgründungen entwickelten sich dagegen nach einem positiven Vorjahr wieder rückläufig und erreichten 2019 einen neuen Tiefpunkt.[16]

Auch für die im »*Gründungsmonitor 2020*« enthaltene Kategorie der Start-ups und Scale-ups, also Unternehmen mit hohem Innovationscharakter und signifikantem Wachstum, die jünger als zehn Jahre sind, sieht es nicht besser aus.[17] Und das trotz immer mehr öffentlicher Förderprogramme, Zugang zu Risikokapital und hohen Einschaltquoten bei Start-up-TV-Shows. Es werden augenscheinlich einfach zu wenige, wirklich berufene Unternehmerinnen und Unternehmer vom Gründungsfieber gepackt.

3. Misserfolgsquote

Der dritte Problembereich schließlich ist die erschreckend hohe Misserfolgsquote von Gründern, insbesondere von Start-ups. Zahlreiche Quellen kommen zu ähnlichen Ergebnissen. Sowohl *FirstSiteGuide* als auch *Failory* sehen die Misserfolgsquoten wie folgt:

- Neun von zehn Start-ups scheitern.[18]
- 20 % scheitern bis zum Ende des ersten Jahres.
- 30 % beträgt die Ausfallrate bis zum Ende des zweiten Jahres.
- 50 % scheitern bis zum Ende des fünften Jahres.
- 70 % beträgt die Ausfallquote bis zum Ende des zehnten Jahres.[19]

Eurostat hat ermittelt, dass 55 % aller Unternehmensgründungen das fünfte Jahr nicht überstehen.[20] *Gründerpilot* schätzt die Ausfallraten wie folgt ein:

- Nur eines von zehn Start-ups wird wirklich erfolgreich.
- Mehr als 80 % aller Start-ups scheitern innerhalb von drei Jahren, manche gehen sogar von 90 % und mehr aus.[21]

Das Wirtschaftsmagazin *The Economist* bezeichnete den US-Ökonomen Prof. Carl J. Schramm als »Evangelist of Entrepreneurship«.[22] Er war langjähriger Präsident der milliardenschweren Ewing Marion Kauffman Foundation, die zu den führenden Förderern von Unternehmensgründern in den USA zählt.[23] Carl J. Schramm, der auch Mitbegründer der *Global Entrepreneurship Week* und von *StartUp America* ist, räumt in seinem Buch »*Burn the Business Plan*«[24] faktenbasiert mit dem Mythos der coolen, technisch versierten Start-up-Jungunternehmer auf, die nichts zu verlieren haben und nur Risikokapital verbrennen. Er stellt Folgendes fest:

- Die Statistiken zeigen, dass Erfolg bei Start-ups die Ausnahme ist: Die Norm ist das Scheitern.[25]
- Weniger als 20 % der Neugründungen überleben zehn Jahre.[26]
- Hightech-Unternehmen haben die höchste Misserfolgsquote bei Unternehmensgründungen: 80 % scheitern innerhalb von fünf Jahren.[27]

Ein Trend im wirtschaftlichen Umfeld ist laut diverser Studien weltweit für alle Unternehmen einheitlich: Da sich Kapital- und Innovationszyklen – maßgeblich auch durch die Digitalisierung und die Globalisierung – immer schneller bewegen, werden die Märkte noch transparenter und wettbewerbsfähiger. Genauer gesagt: brutaler. Auch deshalb kommt die Lebensdauer der Unternehmen massiv unter Druck.

Aus den Fugen geraten

Betrachtet man die hohe Misserfolgsquote, so muss man sich eingestehen, dass ein System, das 80 % Fehlschläge produziert, offensichtlich völlig ungeeignet ist. Es ist verständlich, dass unzählige, vorwiegend junge Menschen, davon träumen, es ihren großen Vorbildern, etwa den Unternehmer-Rockstars aus dem Silicon Valley, gleichzutun. Natürlich ist das nicht völlig unmöglich. Dennoch sind die Erfolgsgeschichten von einer Handvoll Ikonen eher eine Fata Morgana – mit nur wenigen verwertbaren, hilfreichen Anregungen für die große Masse an »normalen« Unternehmerinnen und Unternehmern.

Wie ich in meinem jahrelangen Coaching von Jungunternehmerinnen und Jungunternehmern sowie im Rahmen meiner Entrepreneurship-Vorlesungen nur allzu oft sehe, ist das Motiv zur Gründung häufig, schnell reich und berühmt zu werden. Doch das ist in meinen Augen der völlig falsche Ansatz. Die Ursachen für die fatale Situation und die erschreckende Misserfolgsquote von Unternehmensgründungen liegen aber nicht nur in einem Bereich. Es ist ein ganzes Bündel von Dingen, die hinderlich oder sogar völlig ungeeignet sind. Das fängt meiner Meinung nach bei vielen Theorien an, bei der Ausbildung und den finanziellen Förderungen. Weitere Probleme sind die medial oft verzerrten Start-up-Storys, die den Hype um die fehlmotivierte Gründung befeuern, sowie die Denkweise vieler Gründer, sich nicht als berufene Unternehmer mit einem langfristigen unternehmerischen Verständnis engagieren zu wollen. Das Ökosystem drumherum blüht zwar für sich, bringt aber zu wenig wertvollen Nutzen für die Gründerszene, jedenfalls keinen nachweisbaren Mehrwert.[28]

Wir bauen auf Treibsand! Die reale Welt und die Wirtschaft sind eben kein Märchenpark – schon gar nicht für unerfahrene oder schlecht vorbereitete Existenzgründer. Das Bittere daran: Sie werden in unserer europäischen Unkultur des Scheiterns oft noch stigmatisiert. Und fertig ist der Giftcocktail, das jahrelange, oft lebenslange Trauma der gescheiterten Jungunternehmer, von denen nach detaillierten Erkenntnissen der Kauffman Foundation zwei Drittel nie wieder einen neuen Versuch wagen.[29]

Gerade in Europa lässt sich aus Studien klar ableiten, dass etwa die deutsche Bevölkerung überwiegend risikoavers eingestellt ist. Das sorgt dafür, dass es so gut wie keine Toleranz gegenüber unternehmerischen Fehlschlägen gibt.[30] Inzwischen ist man gegenüber einer zweiten Chance im Falle des Misserfolgs immerhin eher positiv eingestellt. Dennoch wären viele nicht bereit, Waren oder Dienstleistungen von zuvor gescheiterten Unternehmern zu beziehen.[31] So ist es nicht verwunderlich, dass die Angst vor dem Scheitern viele potenzielle Unternehmerinnen und Unternehmer davon abhält, ihre vielleicht sogar hervorragenden Ideen und Talente jemals in die Tat umzusetzen.

In der Gründerszene, ihrem Ökosystem und in der Öffentlichkeit fehlt es seit Langem an einer faktenbasierten, kritischen und konstruktiven Auseinandersetzung mit diesem Thema. Dieses Buch will dazu einen Beitrag leisten und Lösungsansätze aufzeigen.

Eine massive Korrektur der Unternehmerkultur ist notwendig

Der Guru des modernen Unternehmertums, Peter F. Drucker, blieb zeitlebens seinem christlich fundierten Denken als Grundlage seiner Managementlehre treu.[32] Deshalb war ihm die Wahrung der Würde des Menschen sehr wichtig. Er sah Unternehmen als Organe der Gesellschaft, die nicht um ihrer selbst willen existieren.[33] Für Drucker hatten sie eine vitale gesellschaftliche Funktion.[34] Davon sind wir heute weit entfernt.

Ab Anfang der 1980er-Jahre äußerte Drucker zunehmend seinen Unmut über das ausufernde »Big Business«, das egoistische Fehlverhalten von Managern und die überzogenen Bezüge von Top-Managern, insbesondere in börsennotierten Unternehmen. Offenbar erkannte er schon damals, dass sich die Geschäftswelt immer mehr von den wahren Werten entfernte. Um diese gravierenden Fehlentwicklungen zu korrigieren, bedarf es dringend einer Rückbesinnung auf die klassische Grundidee des Unternehmertums. Auf das, was einen soliden Unternehmer, einen besonnenen Kaufmann seit jeher ausmacht. Es gilt, wie in der biblischen Bergpredigt, vor heuchlerischen Glaubenslehrern zu warnen und sein unternehmerisches Haus auf Felsen und nicht auf Sand zu bauen.

3. Start-ups: von Draufgängern und Pferdewetten

Stellen Sie sich vor, Sie wären ein Bauer und 80 % Ihrer Aussaat würden wieder und wieder keine Ernte erbringen. Oder Sie hätten als Produzent dauerhaft eine Ausschussquote von 80 %. Würden Sie das als normal ansehen, sich damit abfinden und einfach so weitermachen? Wohl kaum. Denn »dann brennt der Hut«, dann ist etwas faul. Das überlebt man nicht lange. Aber genau diese Situation haben wir in der Gründerszene. Es ist ein untaugliches, fast krankes System.

Ein krankes System

Es gibt kein Unternehmertum mit Erfolgsgarantie und ohne Risiko. Aber wie sich die Gründer- und Start-up-Szene seit den 1980er-Jahren bis heute sukzessive fehlentwickelt hat, macht einen fast sprachlos. Was tun wir diesen Gründern an? Was tun sie sich selbst an? Das alles richtet langfristig großen Schaden an. Auch für unsere Volkswirtschaft, für die Resilienz und Wettbewerbsfähigkeit ganzer Branchen und Länder.

Nicht jeder spontane oder lustige Einfall eignet sich als tragfähige Geschäftsidee für eine Gründung. Sehr viele Ansätze sind heute schlicht unausgegoren, nicht durchdacht und auch nicht marktgerecht: Viele Gründer glauben, mit Produkten oder Dienstleistungen erfolgreich zu sein, die gar nicht nachgefragt werden. Und dann hält sich solch ein Start-up keine zwei, drei Jahre. Sofern das Geld dafür – ob eigenes, geliehenes oder von Investoren eingeworbenes OPM (Other People's Money) – überhaupt so lange reicht, bevor es »verbrannt«, weg, der Tank leer ist.

Auch haben viele Gründer nicht oder anfangs noch nicht das Zeug zum erfolgreichen Unternehmer. Sie sind ungenügend ausgebildet, zu unerfahren oder haben keine Geduld und Lust, sich professionell vorzubereiten. Auf Fortschritt, neue Ideen und Möglichkeiten zu setzen, ist gut und wichtig. Aber das unreflektierte Aufspringen auf gehypte Züge geht allzu oft schief. Auch das von Nachahmern so oft praktizierte »Copy-and-paste« von Geschäftsmodellen oder Produkten funktioniert selten. Ohne gründliche Überlegungen, Recherchen, Hausaufgaben und Vorbereitungen, Wissen und Kompetenz, verantwortungsvolle, kleine Schritte, harte Arbeit, Bescheidenheit und Bodenständigkeit, ständiges Lernen und Nachjustieren, Dranbleiben, Improvisieren geht es nicht. Und ob man will oder nicht: Ein gewisses Maß an Erfahrung, das gerade beruflich unerfahrene Gründer naturgemäß noch nicht mitbringen, gehört auch dazu.

Hinzu kommt, dass heute viele Start-ups nur deshalb gegründet werden, weil es finanzielle Unterstützungen aller Art aus der öffentlichen Gießkanne gibt. Denn so müssen die Gründer keine großen finanziellen Risiken eingehen oder gar persönlich maßgeblich für ihr unternehmerisches Engagement haften. Damit werden solche Förderungen häufig zu einer Art Spielgeld. Solche Ansätze verführen zu jugendlichem Draufgängertum, zu Leichtsinn, zum Zocken, zu manchem Kräftemessen und zu Mutproben auf dem Terrain des Unternehmertums. Das mag in guten Zeiten dort und da funktioniert haben, weil alle augenzwinkernd zugeschaut und mitgespielt haben. Das wird jedoch auf Dauer nicht mehr funktionieren. Und so geht die altbewährte, klassische Grundidee des Unternehmertums, des Vollblutunternehmers, welche die europäische Wirtschaft robust gemacht hat, zunehmend vor die Hunde.

Goldgräberstimmung als Modeerscheinung

In Bezug auf Start-ups und Unternehmensgründungen hat sich eine solche Goldgräberstimmung entwickelt, dass man schon von einer Modewelle sprechen kann: Fast jeder Unsinn wurde und wird zum Start-up. Wenig verwunderlich, dass es dann so zugeht wie mit den Montagsautos, die gerade mal 100 Kilometer fahren – und dann sind sie kaputt.

Seit der Jahrtausendwende ist es zunehmend zum Statussymbol geworden, Mitgründer oder Start-up-Unternehmer zu sein. Neben dem Casino-Gedanken schwingt die Hoffnung mit, wie einige Ikonen der globalen Hightech-Szene weltberühmt und gefeiert zu werden. Im Idealfall natürlich als Trittbrettfahrer mit dem Geld anderer – mit OPM, ohne nennenswertes eigenes Risiko.

So mancher Start-up-Gründer, aber auch Investor träumt davon, schnell ein Unicorn, ein Unternehmen mit einer Bewertung von mindestens einer Milliarde Dollar, auf die Beine zu stellen. Den Unicorn-Status zu erreichen, ist zwar nicht unmöglich, aber unglaublich schwierig. Die Chancen dafür stehen mit 0,00006 % lediglich ein wenig besser als den Lotto-Jackpot zu knacken. Das heißt: Nur drei von fünf Millionen Unternehmen schaffen es, ein Unicorn zu werden.[35] Übrigens: Ein sogenannter Exit, der Verkauf oder Börsengang, der Zahltag für Gründer und Investoren, dem so viele hinterherlaufen, findet bei Start-ups zu weniger als 0,005 % statt.[36] Die viel beschworene Exit-Strategie bleibt somit für die meisten Gründer ein geplatzter Traum.

Die schwerste Aufgabe im Geschäftsleben

Wer als Gründer zu sehr auf den schnellen Erfolg und das schnelle Geld schielt, begreift meist noch nicht, wie hart und ausdauernd man arbeiten muss, um ein langfristig überlebensfähiges, geschweige denn ein sehr erfolgreiches Unternehmen aufzubauen. Selbst Steve Jobs, Mitbegründer und unternehmerischer Vater von Apple Inc., dem über lange Zeit wertvollsten Unternehmen der Welt, hat dies in seiner Biografie sehr deutlich gemacht:

»Ich kann es nicht ausstehen, wenn Leute sich selbst als ›Unternehmer‹ bezeichnen, wenn sie in Wirklichkeit nur versuchen, ein Start-up aufzubauen, um es dann zu verkaufen oder an die Börse zu bringen, um entsprechend abzukassieren, um daraufhin anderswo weiterzumachen. Sie sind nicht bereit, die Arbeit auf sich zu nehmen, die für den Aufbau einer echten Firma notwendig ist. Dies ist die schwerste Aufgabe, die es im Geschäftsleben gibt. Auf diese Weise trägt man wirklich etwas bei und fügt dem Vermächtnis derer, die vor einem da waren, etwas hinzu«.[37]

Pferdewetten

Jungunternehmer und Start-up-Gründer folgen gerne der zweiteiligen Doktrin der Entrepreneurship-Lehre: Einerseits schmücken sie ihren Hochglanz-Businessplan mit einer exponentiellen Geschäftsentwicklung, die auf hochtrabenden Ideen und in den Himmel wachsenden Hoffnungszahlen basiert. Denn der Fisch muss dem Köder, dem Geldgeber, schmecken. Andererseits siedeln sie sich in einem Gründerzentrum an.[38] Schon darin liegt ein großer Trugschluss: Fakt ist, dass es keinerlei belastbare Nachweise gibt, dass ambitionierte Geschäftspläne oder die Einmietung in ein Gründerzentrum auch nur irgendetwas zu einer höheren Erfolgswahrscheinlichkeit beitragen.[39] Dass Businesspläne oft das Papier nicht wert sind, auf dem sie stehen, sollte nicht überraschen. Sie nicht zu erfüllen, wird sich später rächen, die Glaubwürdigkeit der Gründer beschädigen, sie massiv unter Druck setzen. Damit manövrieren sich die Gründer selbst ins Abseits.

Auch das Einwerben von OPM bei Investoren allein ist keine Erfolgsgarantie, denn die Quoten für Erfolg oder Scheitern bleiben unverändert, unabhängig von der Herkunft der Finanzmittel.[40] Es ist nicht ratsam, seinen Weg als Gründer von vornherein auf OPM auszurichten, nur weil man sich noch nicht die Mühe gemacht hat, eine natürlichere Finanzierungsquelle für sein Unternehmen zu suchen. Eine solche Finanzierungsquelle könnten beispielsweise Pilotkunden sein. Mit diesen gewinnt man gleich in mehrfacher Hinsicht: Erstens bleibt man unabhängig von Fremdkapitalgebern. Zweitens sind solche Kunden, die bereit sind, einem die Chance zu geben, die Produkte oder Dienstleistungen zu testen und dafür auch noch etwas zu bezahlen, die beste Unterstützung, um schnell auf die Beine zu kommen. Meist helfen sie mit ihrem Feedback aus erster Hand gerne bei der Verbesserung und stehen anschließend oft als vertrauensbildende Testimonials im Markt zur Verfügung.

Investoren und Risikokapitalgeber verfolgen das Geschäftsmodell, aus Geld schnell viel Geld zu machen. Übersetzt heißt das: Man nehme genug Geld und wette auf zehn Pferde. Wenn man besonders risikofreudig sein will und außergewöhnlich hohe Quoten anstrebt, dann setzt man auch auf Außenseiter. Es kann zwar sein, dass alle zehn Pferde verlieren. Aber man hofft, dass nur neun verlieren und mindestens eines gewinnt. Und dass der Gewinner eine so hohe Quote bringt, dass man wieder Geld hat für die nächsten Pferdewetten oder sogar für die Wetten der nächsten zehn Jahre. Es ist also nichts anderes als ein Wettspiel. Genau genommen hat es viel Ähnlichkeit mit Buchmachern. Warum? Das Geld der Risikokapitalgeber, ihr Einsatz, ist zum größten Teil nicht ihr eigenes Geld, sondern auch OPM. Sie erhalten es beispielsweise von sehr vermögenden Personen oder Familien, Stiftungen, Investment- und Pensionsfonds, die auf diese Weise attraktivere Renditen anstreben, als sie mit Sparbüchern oder Bankguthaben zu erzielen sind.

Das, was Leute schon früher auf der Pferderennbahn gemacht haben, machen viele Investoren und Risikokapitalgeber, auch VCs oder Venture Capitalists genannt, längst mit Start-ups. Sie suchen nach den attraktivsten Wetten und wollen möglichst zügig, binnen vier, maximal sieben Jahren, eine hohe Wettquote kassieren. Dann steigen sie wieder aus und vergnügen sich auf anderen Rennplätzen. Nur ist es extrem schwierig, in dieser Zeit ein stabiles und sehr erfolgreiches Unternehmen aufzubauen. Auch wollen Investoren und VCs vorrangig nichts Gutes tun oder sich Freunde machen. Das ist nicht ihr Geschäftsmodell. Es geht meist nur um das schnelle Geld und nicht um wahre Werte. Der Titel des Artikels in der britischen Times vom März 2023 über die überraschende Pleite einer bekannten US-Start-up-Bank spricht Bände: »*Silicon Valley Bank: born at a poker game, killed by a gamble*«.[41] Und auch John Mullins, Bestsellerautor, Unternehmer und Professor für Entrepreneurship an der London Business School, hat recht, wenn er schreibt:

»*... Es ist riskant und unnötig, automatisch den Weg des Risikokapitals zu gehen. Leider haben die Risikokapitalgeber und der Rest des unternehmerischen Ökosystems vor ein paar Generationen im Silicon Valley und in Boston und jetzt fast überall sonst das Rampenlicht der Finanzierung an sich gerissen. Sie haben die Unternehmer davon überzeugt, dass das Schreiben von Geschäftsplänen und die Beschaffung von Startkapital die einzigen Möglichkeiten sind, ein Unternehmen zu gründen. Das ist völlig falsch. Fast alle jungen Unternehmen sollten zuerst eine andere Finanzierungsquelle suchen: ihre Kunden.*«[42]

Ausnahmen bestätigen natürlich die Regel. Sehr forschungs- und entwicklungsintensive Start-ups, wie beispielsweise sogenannte Spinoffs, die erst einmal jahrelang an der Produktentwicklung arbeiten müssen, brauchen zwangsläufig diese Art von Risikokapital und Förderung. Aber Jungunternehmerinnen und Jungunternehmer, die meinen, sie hätten eine tolle Idee und ein tolles Konzept und sie würden jetzt von Investoren ernst genommen und jubelnd nach Hause fahren und sagen: »*Schatz, wir haben einen Investor für uns gewonnen und eine Finanzspritze von mehreren hunderttausend Euro bekommen, also einen tollen Deal gemacht. Man glaubt an uns, denn wir haben eine tolle Idee und auch die Investoren sehen in uns enormes Potenzial*«, die könnten das etwas zu blauäugig einschätzen. Denn die Wahrscheinlichkeit ist hoch, dass man eher als eines von vielen Pferden in einer großen Wette benutzt oder gar missbraucht wird.

Banken verabschieden sich zunehmend

Die eben genannten Fehlentwicklungen führen bedauerlicher-, aber auch verständlicherweise dazu, dass immer weniger Banken bereit sind, Jungunternehmerinnen und Jungunternehmer oder Start-ups zu finanzieren. Dabei wären gerade die Banken hier ein wesentlicher Pfeiler. Wie früher auch, wo die Finanzierung von Unternehmen – ob jung oder etabliert – ein zentrales Standbein der Banken war, an dem sie nicht nur gut verdient, sondern auch der Real- und Volkswirtschaft maßgeblich gedient haben. Cui bono? Wem nützt der Rückzug der Banken? Der Arena der Pferdewetten!

Es ist eine verkehrte Welt geworden. Das vielerorts um die Gründerszene entstandene, lukrative Ökosystem, dient ganz offensichtlich nicht der Kernidee, dem langfristigen Erfolg von Start-ups und Gründern. Denn ein System mit derart hohen Misserfolgsquoten ist ein krankes System. Es ist kein System für wertvolle, ausreichende, unternehmerische Impulse, die Unternehmensgründungen besser, schneller oder sicherer machen. Das Gegenteil ist der Fall: Heute scheint es zunehmend eine Kunst zu sein, ein Unternehmen erfolgreich auf solide Beine zu stellen. Wie ging das früher? Ganz einfach: Man folgte der klassischen, bewährten Unternehmeridee, der geerdeten Erfahrungspraxis.

4. Entrepreneurship-Studium: Trockenschwimmen im Hörsaal

Der Artikel »Why Entrepreneurship Education Does Not Work«, der 2016 im US-amerikanischen Wirtschaftsmagazin *Forbes* veröffentlicht wurde, hat mir die Problematik der Entrepreneurship-Ausbildung wie Schuppen von den Augen fallen lassen.[43] Denn bis dahin dachte ich, dass Entrepreneurship-Ausbildung nur bei uns in Europa nicht funktioniert, im gelobten Start-up-Mekka USA hingegen schon. Doch die Feststellungen dieses Autors kann man für bare Münze nehmen. Denn sie stammen von Andrew Yang, damals ein US-Start-up-Unternehmer. Er war vom Weißen Haus unter US-Präsident Obama zum »Champion of Change« und zum »Presidential Ambassador of Global Entrepreneurship« ernannt worden. Das US-Technologiemagazin *FastCompany«* zählte ihn zu den 100 kreativsten Menschen in der Wirtschaft. Hier ein Auszug aus dem Artikel:

»Ich kenne Dutzende Entrepreneurship-Professoren an Universitäten im ganzen Land, und fast alle sind großartige Typen (in der Regel Männer). Mir gefällt, was sie antreibt. Sie engagieren sich wirklich für die Entwicklung junger Menschen. Aber ich habe auch mit Hunderten von Studierenden gesprochen, die auf der Suche nach dem nächsten Schritt sind. Und ich muss sagen, dass mir heute klar ist, dass die Ausbildung zum Unternehmertum, wie sie derzeit praktiziert wird, nicht funktioniert. Die Zahlen sind extrem. Die Zahl der Entrepreneurship-Kurse und -Programme an US-Colleges hat sich in den vergangenen 25 Jahren vervierfacht. Gleichzeitig ist der Anteil der unter 30-Jährigen, die ein eigenes Unternehmen besitzen, im gleichen Zeitraum um mehr als 60 % zurückgegangen. Je mehr wir also über Unternehmertum lehren, desto weniger junge Menschen gründen tatsächlich ein erfolgreiches Unternehmen. Das hat weitreichende Folgen.«[44]

Unternehmer wird man nicht im Hörsaal!

Was ist der Hauptgrund, weshalb die theoretische Entrepreneurship-Ausbildung, insbesondere an Hochschulen, nicht funktioniert? Dass die Idee, Unternehmertum in jahrelangen theoretischen Studiengängen oder teuren Spezialausbildungen zu erlernen, ungefähr so ist, als würde man jemanden, der noch nie in einem Schwimmbad, einem See oder einem Meer war, jahrelang nur im Hörsaal das Schwimmen lernen lassen: Was macht man beim Schwimmen mit den Fingern? Wie hält man die Wirbelsäule? Und was macht die kleine Zehe beim Kraulen, bei der Fußarbeit? Das alles kann man vier Jahre lang im Hörsaal studieren, klar. Aber keiner von den Studenten kann hinterher wirklich gut im Wasser schwimmen.

Schwimmen lernt man natürlich auch mit ein bisschen Theorie. Aber letztlich lernt man Schwimmen nur praktisch. Und das Unternehmertum? Das lernt man primär, wenn man es von Kindesbeinen an in einer Unternehmerfamilie sozusagen mit der Muttermilch aufgesogen hat oder wenn man eine solche Unternehmerlaufbahn nachahmt. Wie das geht? Indem man als junger Mensch in ein Unternehmen einsteigt und dort von der Pike auf alle relevanten Bereiche des Unternehmens durchläuft und aufmerksam mitarbeitet.

Vom Vertrieb, dem Einkauf, der Produktion über das Lager und den Versand bis hin zur Finanzabteilung: Nur wenn man hier praktische Erfahrungen sammelt, lernt man das Unternehmertum wirklich fundiert und detailliert kennen. Kein Studium, kein Lehrbuch kann das auch nur annähernd ersetzen. Alles andere führt wohin? Zu jugendlichem Draufgängertum, zu Leichtsinn, zu mancherlei Kraftmeierei, meist von Leuten, die keine Ahnung haben, wovon sie sprechen, aber hochtrabende Reden über die Theorie des Unternehmertums halten können. Nicht aber über die Praxis.

Sehr deutlich zu erkennen ist diese Problematik in der Medizin. Die Studenten studieren jahrelang theoretisch den Aufbau des Körpers, theoretisch die Krankheitsbilder, theoretisch, wie man was wo operieren könnte oder behandeln müsste, aber dann kommt der praktische Teil. Nämlich der Arzt im Praktikum. Und was machen die jungen Ärzte und Ärztinnen da? Sie arbeiten mit anderen Ärzten zusammen, die das schon können, und lernen von ihnen – von der Pike auf. Dass ihnen dabei auch theoretisches Wissen als Ergänzung zur Praxis hilft, ist unbestritten. Aber kein Patient will von einem Arzt operiert werden, der zwar viele Semester studiert, aber noch nie eine Operation durchgeführt hat. Und das ist der springende Punkt! Wenn es ans Eingemachte geht, dann ist die Antwort ganz einfach – zum Beispiel bei der folgenden Frage:

> *»Wer soll Ihnen den Blinddarm herausnehmen? Lieber der, der schon bei zehn Blinddarmoperationen dem Professor assistiert hat und es unter Anleitung gelernt hat? Oder der, der zehn Jahre an der Eliteuniversität teuer studiert hat, aber sein Wissen noch nie in der Praxis angewendet hat?«*

Genau das ist es jedoch, was in den vergangenen Jahrzehnten in der Entrepreneurship-Ausbildung falsch gelaufen ist. Und warum ist es so falsch gelaufen? Weil eine Menge Leute eine Menge Geld damit verdient haben, einer Menge anderer Leute eine Menge Geld abzunehmen. Und wofür? Auf jeden Fall nicht für einen real wichtigen Effekt und Nutzen. Entrepreneurship-Ausbildungen sind zu einem boomenden, lukrativen Geschäft geworden. Ob Entrepreneurship-Dozenten und Entrepreneurship-Professoren oder Privatgelehrte und Co.: Es ist eine Scheinwelt, die man sich da aufgebaut hat. Hier tummelt sich eine riesige Gruppe von sogenannten Entrepreneurship-Experten, von vermeintlichen Unternehmertum-Fachleuten, die das aber gar nicht sind. Die meisten sind einfach nur studierte Unternehmenstheoretiker. Das heißt: Sie können zwar theoretisieren, aber kein Unternehmen praktisch führen. Denn genau das haben sie in der Regel noch nie selbst erfolgreich gemacht!

Der grundlegende Irrtum der modernen Bildungspolitik

Es ist ein grundlegender Irrtum der modernen Bildungspolitik zu glauben, dass die Theorie die Praxis ersetzt. Die Theorie ersetzt, wie schon erwähnt, die Praxis eben nicht. Sie ist auch nicht gleichbedeutend mit der Praxis. Im Gegenteil: Praxis bricht immer Theorie. Mensch und Natur haben immer durch Versuch und Irrtum gelernt, nicht durch Theorien. Ja, eine Hypothese kann der Anfang von etwas sein, nicht jedoch eine Theorie. Das war schon immer so und wird auch immer so bleiben. Es ist ein Naturgesetz. Denn alles Leben, Existieren und Entwickeln ist eine praktische und keine theoretische Angelegenheit. Das zeigt auch ein Blick auf erfolgreiche Unternehmensgründungen:

- Die meisten erfolgreichen Unternehmer haben nie eine Universität besucht.
- Sie haben ihre Unternehmen erst gegründet, nachdem sie bereits viele Jahre Berufserfahrung, also Praxiswissen, gesammelt hatten, und wussten, »wie der Hase läuft«.
- Und – eine weitere Überraschung – die Überlebens-chancen eines neu gegründeten Unternehmens steigen mit dem Alter des Unternehmers. Warum wohl? Es geht um Erfahrung und Praxis![45]

Kurzum: Es ist ein Holzweg, zu glauben, die Anhäufung von Theorie sei ein Erfolgsgarant. Das stimmt nicht. Deshalb sollte hier meines Erachtens auch ein Umdenken in der Bildungspolitik erfolgen.

5. Die klassische Grundidee des Unternehmertums

Hier könnte eine lange Abhandlung über die Geschichte des Unternehmertums stehen. Die finden Sie hier aber nicht. Warum? Weil über die Geschichte des Unternehmertums schon ganze Bibliotheken existieren. Wenn Sie sich dafür interessieren, dann lesen Sie bitte dort nach. Zugegeben, die Geschichte ist interessant. Aber die praktische Realität ist viel interessanter und vor allem ist sie viel wichtiger. Denn Sie sind kein Geschichtsprofessor, sondern Sie sind Unternehmer, Unternehmensführer. Es ist für die Allgemeinbildung ganz nett zu wissen, wann es die ersten Unternehmer gab und ob die alten Römer oder Ägypter schon welche hatten und wie sich das alles entwickelt hat. Aber ich beschränke mich hier auf das Wesentliche.

Auf Bestand hin gedacht

Die klassische, altbewährte Grundidee des Unternehmertums, noch bevor Unternehmer zu Unternehmensführern, Managern oder Geschäftsführern wurden, war: aus einer Geschäftsidee, die für die Kunden einen Nutzen stiftet und für die es eine echte Nachfrage gibt, ein Familienunternehmen zu gründen, das Generationen überdauert. Unternehmen wurden also von Menschen gegründet, die für sich selbst erkannt und entschieden haben:

»Ich bin ein berufener Unternehmer. Und das werde ich sein, solange meine körperliche und geistige Gesundheit und Kraft es erlauben. Und wenn ich älter bin, übergebe ich mein Unternehmen im Idealfall an eines meiner Kinder. Wenn das nicht möglich ist, dann übergebe ich an einen anderen geeigneten Nachfolger, vielleicht sogar an einen

Wahlverwandten. Und mein Nachfolger oder meine Nachfolgerin führt
dann das Unternehmen in meinem Sinne, der Zeit angepasst, nach dem
Gesamtkonzept, das dafür geschaffen wurde, erfolgreich weiter.«

Das Unternehmen eines solchen klassischen Gründers ist also von Beginn an auf Langfristigkeit und auf Bestand hin gedacht.

Orientierung an der Natur

Die klassische Grundidee des Unternehmertums orientierte sich an der
Natur, am Lauf der Zeit und der Evolution, am organischen Wachstum. Das bedeutet: Man fängt nicht groß an, sondern klein. Mit wenigen Mitarbeitern. Oft zunächst nur mit Familienmitgliedern. Es fängt
klein an, im Sinne von kleinen Strukturen, einem kleinen Büro, einer
kleinen Grundidee. Nicht gleich mit zehn Spielarten desselben Pro-
dukts, sondern mit einem einzigen Produkt oder einer Dienstleistung.
Es fängt an, mit einem überschaubaren Finanzvolumen und einem
insgesamt gut handhabbaren Einsatz und Risiko. So stellt man sicher,
dass man sich nicht gleich völlig überfordert und dass die erste ernste
Krise einen nicht sofort zu Fall bringt. Dergestalt sollte sich das Unternehmen, der Betrieb, organisch, Schritt um Schritt entfalten.
    Organisch heißt aber auch, alles benötigt seine Zeit. Wenn es zu
schnell geht, wird es gefährlich. Dann ist es nicht mehr organisch.
Man kann das Wachstum eines Grashalms nicht auf ein paar Sekun-
den beschleunigen. Man muss ein paar Tage warten. Bei einem Baum,
erst recht bei einer robusten Eiche, sind es viele Jahre, Jahrzehnte.
Man kann nicht sagen:

»Ich pflanze heute ein Bäumchen. Am Ende der Woche ist dieser Baum
20 Meter hoch und hat einen zwei Meter dicken Stamm.«

Das wird nicht funktionieren! Genau dieses Verständnis ist wichtig
für den soliden Unternehmer und sein gesundes, robustes Unternehmen. Nämlich, dass er sich als jemand begreift, der gewissermaßen
ein Samenkorn in den Boden pflanzt, woraus ein kleines Pflänzchen
erwächst, welches sukzessive immer größer wird, bis es ausgewachsen
ist. Das geht nur mit Zeit, Hege und Pflege. Es erfordert am Anfang die

kleinen, ruhigen Bedingungen, die für jedes Samenkorn lebenswichtig sind. Ein Samenkorn benötigt kein Riesentamtam, auch noch keinen Pfahl, an den es angebunden wird. Es will einfach nur Ruhe unter der nährstoffreichen, feuchten Erde, sonst noch gar nichts. Später braucht es Sonnenlicht und vielleicht noch etwas Dünger, natürlich Wasser. Ein Baum benötigt später eventuell noch einen Pfahl und einen Rückschnitt und andere hilfreiche Maßnahmen.

Genauso ist es auch mit einem Unternehmen. Die Anzahl der Maßnahmen wächst mit dem Unternehmen, das der Unternehmer langsam, peu à peu, Jahr für Jahr, organisch vorantreibt.

Der gute, anständige Unternehmer

Es geht auch darum, eine gute Unternehmerin oder ein guter Unternehmer zu sein. Es gilt, sich als Mensch, als Bürger und insbesondere als Unternehmer in einer zivilisierten Gesellschaft, in der Gemeinschaft, gerade in einer Demokratie, nach anständigen, ehrenhaften Normen und Werten zu verhalten. Dies, um der Gesellschaft und der Wirtschaft als Ganzes nützlich zu sein, seinen rechtmäßigen Platz, seine Position zu finden, auszufüllen und weiterzuentwickeln.

Allzu oft betrachten wir Menschen uns durch eine etwas verblendete Sicht als die Krone der Schöpfung – dazu im letzten Kapitel mehr. Unternehmer sein heißt aber nicht, ein Diktator oder Potentat zu sein. Also nicht jemand, der wie ein Elefant durch den Porzellanladen trampelt, rücksichtslos ist und hemmungslos alles macht, was ihm gerade gefällt. Ein guter, anständiger, verantwortungsbewusster und ehrbarer Unternehmer hechelt auch nicht der Gewinnmaximierung hinterher, nur weil es den eigenen Egoismus oder die eigene Machtgier befriedigt. Stattdessen kümmert er sich um das Wohl seiner »Untertanen« – dazu gehören auch die Umwelt und die Natur. Er sorgt dafür, dass es möglichst keine Probleme, Sorgen und Nöte gibt. Das bedeutet auch, ein Auge auf alles zu haben, was einen umgibt. Ordnung zu schaffen, wo Unordnung herrscht. Für Verständnis zu sorgen, wo Unverständnis herrscht. Es bedeutet, Frieden zu stiften, Streit zu schlichten, wo Kälte und Aggression herrschen. Es bedeutet aber auch, zu wissen, wer im weitesten Sinne zu seinem Verantwortungsbereich gehört, bis hin zu einem angemessenen Welt- und Umweltverständnis.

Der ehrbare Kaufmann

Bereits in den patriarchalischen Kaufmannsordnungen des 14. Jahrhunderts in Venedig und der Hanse in Hamburg wurden Grundsätze des »Ehrbaren Kaufmanns« definiert und gelebt. Diese werden wieder modern und kehren mit den Themen Nachhaltigkeit und CSR – Corporate Social Responsibility – zurück.[46] Aber was genau zeichnet den »Ehrbaren Kaufmann« aus? Der Verein Ehrbarer Kaufmann Schweiz bringt es auf seiner Website sehr gut auf den Punkt:

> »›Ehrbarer Kaufmann‹ beschreibt das historisch in Europa gewachsene Bild eines verantwortlichen Teilnehmers am Wirtschaftsleben. Er steht für ein ausgeprägtes Verantwortungsbewusstsein, gegenüber dem eigenen Unternehmen, der Gesellschaft und der Umwelt. Der Grundsatz ›Ein Mann, ein Wort!‹ gehört zu seinen anerkannten Idealen und der Handschlag zwischen den Vertragspartnern ist das Symbol dafür.«[47]

Bereits 1340 beschrieb der in Florenz tätige Kaufmann und Politiker Francesco Balducci Pegolotti (1290–1348) in seinem Werk »practica della mercatura« (Praktik des Handels) heute erstaunlich anmutende Grundsätze:

> »Der Kaufmann, muss stets redlich sein, Weitsichtigkeit besitzen und immer seine Versprechen einhalten. Er sollte gute Manieren und ehrliches Verhalten aufbringen, aufrichtig beim Verkauf, aufmerksam beim Kauf sein. Äußerem Tadel soll er mit Kundenfreundlichkeit begegnen. Sein Ansehen wird noch größer, wenn er die Kirche besucht, aus Liebe zu Gott spendet, nach seinen Grundsätzen seine Geschäfte abschließt und sich strikt weigert, Wucher oder Spekulation zu betreiben. Schließlich soll er seine Bücher korrekt führen und keine Fehler begehen. Amen.«[48]

Der Unternehmer und sein Team

Es gilt sich auch klarzumachen, dass man zwar das Oberhaupt, der Unternehmer, ist. Doch das heißt noch lange nicht, dass man hinsichtlich der zu bewältigenden Aufgaben allmächtig ist. Ein Unternehmer kann auch nicht alles gleichzeitig im Blick behalten. Aber er kann delegieren und er kann ein Team bilden. Das bedeutet, der Unternehmer kann sich davon verabschieden, dass es nur um ihn geht und dass er alles allein managen muss. Im Gegenteil: Er kann und soll sich eingestehen, dass er Grenzen hat. Dass es Dinge gibt, die er nicht kann, die andere aber sehr wohl beherrschen. Und diese Leute holt er an Bord, in sein Team, in seine Belegschaft, in seinen Beraterstab, in sein nächstes Umfeld. Der Unternehmer engagiert sie für das, was er nicht kann oder nicht schafft oder ihm nicht liegt. Er bittet sie, ihren bestmöglichen Beitrag gemäß ihres Könnens, ihres Talents und ihrer Leidenschaften zu leisten. Zudem achtet er darauf, dass sie am richtigen Platz und mit den entsprechenden Befugnissen eingesetzt werden.

So kann der Unternehmer trotzdem in der Gemeinschaft agieren, Rücksprache nehmen, delegieren und andere mit-, vor- und nachmachen lassen. Er kann sich auf das konzentrieren, was er kann, wo er besonders wirkungsvoll ist, den besten Hebel hat und was im Besonderen seine persönliche Verantwortung, Aufgabe und Passion ist.

Nachfolge zur rechten Zeit

Ein guter Unternehmer kümmert sich auch um eine geregelte Nachfolge. Er hinterlässt kein Chaos, wenn er geht. Stattdessen sorgt er beizeiten für Ordnung, für eine Weiterführung des guten Regimes. Er lässt rechtzeitig los, um Dinge und Aufgaben in jüngere, vielleicht auch kompetentere Hände zu legen. Der gute Unternehmer geht vorausschauend mit der Zeit um, in der er vielleicht nicht mehr da sein wird, um sein Unternehmen zu führen und voranzutreiben.

Das Oberhaupt

Hinzu kommt die spezifische Verantwortung des Unternehmers als Patron, Schutz- und Schirmherr, als Chef des Unternehmens, des gesamten Teams. Er sorgt für eine gute Führung und eine nachhaltige Entwicklung mit Sinn und nachhaltigem Nutzen für die Kunden, die Belegschaft, die Gesellschaft und sein Umfeld. Natürlich auch für das zwingend notwendige profitable Funktionieren des gesamten Organismus und der kohärenten Struktur des Unternehmens.

Das Vorbild

Ein guter Unternehmer sollte ein Vorbild sein. Auch wenn niemand von der Chefin oder vom Chef erwartet, Batgirl oder Superman zu sein, im Idealfall versucht er oder sie, an den meisten Tagen optimistisch, zuversichtlich und konstruktiv zu sein. Auch dann, wenn das Weltgeschehen an vielen Stellen sehr durchwachsen ist. Er schaut nicht so sehr darauf, warum alles nicht geht und klappt, sondern bleibt möglichst unerschütterlich guten Willens und in der Gewissheit, dass sich immer gute Wege finden werden, so schwierig es im Moment auch sein mag. Denn den Kopf hängen zu lassen, löst keine Probleme. Wie schon der 34. US-Präsident, Dwight D. Eisenhower (1890–1969), im Juli 1955 zu Recht sagte:

> *»Wir können diese ganze Situation nicht betrachten, ohne zu erkennen, dass Pessimismus noch nie eine Schlacht gewonnen hat, weder im Frieden noch im Krieg.«*[49]

So ist eines sicher: Nach jedem Tag kommt ein neuer Tag. Und jeder neue Tag bringt neue Chancen. Auch neue Herausforderungen, aber auch neue Chancen, neue Ideen, neue Wege, möglicherweise neue Probleme, aber auch neue gute Lösungen.

Die Verantwortung

Es ist der Unternehmer, der sich als oberster Verantwortlicher versteht, erklärt und als solcher natürlich auch dafür einsteht. Das heißt: Er muss vor allem verantwortungsbewusst, sorgsam mit allem umgehen, er darf nicht zum Hasardeur werden. Mit anderen Worten: Es geht immer auch darum, sich im Rahmen seiner persönlichen Verantwortung, aber auch im Rahmen der Verantwortung für das Unternehmen, des Risikos und der Tragweite von Entscheidungen bestmöglich bewusst zu sein.

Da die unternehmerische Haftung vor dem Gesetz letztlich immer eine persönliche ist, betrifft sie implizit nicht nur die finanzielle Existenz des Unternehmers, sondern auch seine Familie. Unternehmerisches Handeln und Verhalten bedeutet daher, kompetent und bestmöglich abzuschätzen, welche weitreichenden Konsequenzen letztlich mit den Entscheidungen und Aktivitäten verbunden sind. Denn eine Vollkaskoversicherung für eine risikofreie Welt gibt es für den Unternehmer oder die Unternehmerin nicht.

Wer diese Tatsachen nicht zur Kenntnis nimmt oder kein vertretbares Risiko, keine Verantwortung übernehmen will, ist kein Unternehmer. Punkt. Genau deshalb gibt es so viel mehr Menschen, die Arbeitnehmer und nicht Arbeitgeber sind.

Entscheidungsfähigkeit

Wenn ein Unternehmer in der Fülle der unterschiedlichsten und immer wieder neuen Situationen nicht immer genau weiß, wie er sich entscheiden soll, dann muss er mit der gebotenen Vorsicht, vielleicht auch mit Bedacht, handeln oder sich vorher beraten lassen. Das heißt aber nicht, zögerlich oder mutlos zu handeln. Denn viele Situationen dulden keinen langen Aufschub.

Auch wenn das Risiko besteht, eine suboptimale oder gar falsche Entscheidung zu treffen, bedeutet Unternehmer sein, etwas zu tun, etwas zu unternehmen, zu handeln, zu entscheiden, etwas voranzubringen.

Entscheiden kann auch bedeuten: Ich tue etwas nicht. Ich warte etwas bewusst und gut beraten ab, weil ich im Moment der Meinung bin, dass es in einer bestimmten Frage besser ist, erst später zu handeln.

Die Verpflichtung des Unternehmers, etwas nach bestem Wissen und Gewissen zu entscheiden und zu tun, ist natürlich riskant, weil man sich immer Fehler vorwerfen kann. Aber das soll und darf nicht das Problem sein. Denn Angststarre führt zum Stillstand und richtet oft viel mehr Schaden an. Wir sind alle nur Menschen, niemand hat die Kristallkugel.

Die Alternative, wegzuschauen, nicht zu handeln, den Dingen ihren Lauf zu lassen oder auf andere zu hoffen, ist jedenfalls nicht das richtige, das verantwortungsvolle unternehmerische Verhalten. Der Unternehmer wagt und gibt dem Vertrauen eine Chance. Er vertraut auf eine gute Zukunft. Und ein Stein, der im Weg liegt, wird so letztlich zum Stein des Anstoßes für neue Lösungsansätze, für neue Schachzüge, für das Öffnen neuer Türen.

Schritt um Schritt – von regional zu global

Unternehmer sein heißt auch: Ich kenne nicht nur mich und meine Geschichte, sondern auch die Menschen um mich herum und den Markt. Ich kann also abschätzen oder fundiert erheben: Wie viele Menschen in der Stadt, in der Region, in dem Land, in dem ich lebe, werden mein Produkt brauchen und auch kaufen? Gibt es auch nur einen ernsthaften Interessenten auf diesem Markt oder wie weit müsste ich reisen, um überhaupt jemanden zu treffen, der versteht, was ich mache, was ich anbiete, und der mein Produkt, meine Dienstleistung wirklich braucht und auch kauft?

Es geht also darum, erst einmal regional anzufangen, aufzubauen und nicht gleich die ganze Welt erobern zu wollen. Sich zu sagen, mein Produkt, meine Dienstleistung, mein Angebot, das ich hier produzieren oder platzieren möchte, sollte von meinem Nachbarn verstanden werden, von meinem Dorf, von meiner Stadt, von meinem Landkreis, von der nächsten Hauptstadt. Erst wenn es lokal funktioniert, ergibt es Sinn, über die Landesgrenzen hinaus in die Welt zu blicken und zu überlegen, wie man ein Produkt so gestalten kann, dass es die Menschen dort auch gut finden. So kann man als Unternehmer von einem Schritt auf festem Boden zum nächsten gut überlegten Schritt erfolgreich werden.

Alles, was künstlich gehypt, gepusht und beschleunigt wird, überfordert entweder den Markt oder den Unternehmer selbst. Genau diese Problematik zeigt uns leider die Mehrzahl der Start-ups mit ihren horrenden Misserfolgsquoten. Und noch deutlicher erleben wir das bei vielen Influencern. Die fangen an, machen schnell 100 Sachen auf fünf Kanälen, sind alle zwei Stunden online, aber nach spätestens fünf Jahren haben sie einen Burn-out oder das Interesse an ihnen ist erloschen. Dann ist es aus mit ihrem Unternehmen. Es bricht zusammen.

Der stimmige Weg

Immer nur den gehypten, gepushten, coolen Trends hinterherzulaufen, ist eher der amerikanische Weg. Diesen Weg zu beschreiten, ist für uns Europäer selten sinnvoll. Genauso wenig sinnvoll ist es, aus so manchem Land ein neues China, Singapur oder Südkorea machen zu wollen. Die Kopie ist am Ende eben nie so einzigartig wie das Original. Viele Einkaufsstraßen in den Innenstädten sehen heute überall auf der Welt gleich aus, mit den gleichen Restaurantketten, Geschäften und Marken. Ist das besser als früher? Wollen wir überall ein New York, Shanghai oder Hanoi?

Besinnen wir uns auf das, was uns auszeichnet: Für »Good Old Europe« gilt der »Good Old European Way«. Das heißt nicht, altmodisch zu sein. Europa war schon immer in unzähligen Bereichen führend, sei es in der Bildung, der Forschung, der Produktion oder der Kultur. Inzwischen erkennen wir in vielen Bereichen, dass es ein großer Fehler war, viele Kernkompetenzen in Billiglohnländer, auch nach China, zu verlagern. Damit haben wir nicht nur sukzessive wertvolles Know-how abgegeben und vernachlässigt, sondern uns auch in riskante Abhängigkeiten begeben, die uns liefertechnisch, wirtschaftlich und politisch erpressbar machen.

Geiz ist eben nicht geil. Im Gegenteil: »Wer billig kauft, kauft und zahlt zweimal!« Denn das Gesetz der Wirtschaft verbietet es, für wenig Geld viel Wert zu erhalten. Das wusste schon der englische Sozialreformer John Ruskin (1819–1900).[50] Es ist sinnvoll, zusammenzuarbeiten und anderen zu helfen. Aber nur auf Augenhöhe, mit Gegenseitigkeit, Verlässlichkeit und Spielregeln der Fairness. Denn allein auf das Prinzip »Wandel durch Handel« zu setzen, hat nicht funktioniert.

Aber noch ist dieser Kampf nicht verloren. Diese Erkenntnisse sollten uns wachrütteln und anspornen, das Heft wieder selbst in die Hand zu nehmen. Wir haben die Möglichkeiten und die Kultur, wir können es, wenn wir es nur wollen!

Wir bauen in Europa solide Häuser für Generationen, die auch Stürmen standhalten. Ein Amerikaner dagegen baut sein Haus billiger und in wenigen Wochen, dafür wird es aber im Nu von einem Tornado niedergerissen. Das sind einfach andere Kulturen, andere Verständnisse. Wir als Europäer haben viele Stärken, Kompetenzen, Talente und eine reiche Geschichte. Diese sollten wir nicht opfern zugunsten von »gehypten« Konzepten, Gewinnmaximierung oder Philosophien, die nicht zu uns passen.

Die letzten globalen Krisen haben uns gezeigt, wie schnell die Globalisierung ins Stottern geraten kann und die Souveränität der Versorgung auf dem Spiel steht. Mehr Regionalität macht uns zwar nicht völlig autark, stärkt aber die Widerstandsfähigkeit unserer Volkswirtschaften und Länder.

Es ist an der Zeit, nicht nur unsere Ökologie, sondern auch unsere Ökonomie nachhaltig auszurichten: Vielleicht war die gute, schöne, alte Zeit – von manchen als etwas rückständig belächelt – doch ökonomisch souveräner. Manches Gute daraus könnte man in die moderne Welt zurückholen. Etwa das altbewährte, klassische, resiliente Unternehmertum. Denn nicht immer ist das, was man modern nennt, eine Verbesserung.

6. Wer wen regiert, das interessiert auch mich

Es ist eine alte philosophische Frage der Menschheit: Was treibt uns eigentlich an? Was ist die Quelle unseres Tuns? Ist es das Geld oder die Macht oder was denn sonst? Die Antwort darauf bietet für jeden berufenen Unternehmer einen sehr wesentlichen Aspekt der Orientierung.

Regiert Geld die Welt?

Nein! Aber Sie kennen bestimmt die sich hartnäckig haltende Redensart »*Geld regiert die Welt*«. Sie findet sich bereits im 1616 veröffentlichten Wörterbuch des deutschen Lexikografen Georg Henisch (1549–1618) »*Teütsche Sprach und Weißheit*«. Und in der Oper »Margarete« von Charles Gounod, die 1859 erstmals in Paris aufgeführt wurde, heißt es:

> »*Ja, das Gold regiert die Welt. Sie baut Throne, Gott zum Hohne, der Macht, die sie gefesselt hält.*«[51]

Geld spielt unbestritten eine zentrale Rolle in unserem Leben. Oberflächlich betrachtet ist es verständlich, dass man meint, alles würde sich ums Geld drehen, Geld sei der Götze unserer modernen Gesellschaft. Inzwischen besteht eine ausufernde Diskrepanz zwischen Real- und Finanzwirtschaft. Bis 1980 lag das Volumen der Realwirtschaft durchschnittlich noch beim Doppelten der Finanzwirtschaft. Seither hat sich dieses Verhältnis überdimensional umgekehrt. Längst dient der Finanzsektor immer weniger der Realwirtschaft und der Gesellschaft. Stattdessen schöpft er verstärkt Mehrwerte ab, die anderswo geschaffen wurden. So macht man Geld mit Geld. Gemäß dem obersten Formalziel der Betriebswirtschaftslehre, der langfristigen Gewinnmaximierung.[52] Wer dieser Maxime folgt, zieht jedoch zwangsläufig die Quantität der Qualität vor. Damit wendet man sich von einer der großen Weisheiten des einflussreichen Philosophen der Aufklärung, Voltaire (1694–1778), ab. Diese Weisheit lautet: *»Das Bessere ist der Feind des Guten.«*[53] Zudem stellt sich dabei die Frage: Wann ist es denn jemals genug? Denn Gewinnmaximierung verlangt nach ständigem Wachstum, nach noch mehr Gewinn. Diese Maxime ist gefährlich, ziemlich rücksichtslos und lässt so manchen Kollateralschaden gerne außer Acht. Kollateralschäden, wie wir sie zum Beispiel in Bezug auf Umwelt und sozialen Ausgleich längst kennen.

Regieren Wünsche die Welt?

Bingo! Ja, genau so ist es. In William Shakespeares (1564–1616) Drama »Heinrich IV.« heißt es: *»Dein Wunsch war des Gedankens Vater!«*[54] Eine altbekannte Redensart besagt: *»Des Menschen Wille ist sein Himmelreich!«* Vielleicht sollte man diese Redensart idealerweise noch ergänzen mit *»… und auch sein Erdenreich!«.* Denn das Synonym für Leben ist wünschen. Wer wünscht, der lebt. Und wer lebendig lebt, der wünscht. Wer hingegen nur noch Pflichterfüllung und Funktionieren kennt, ist längst Teil einer Maschinerie geworden und tanzt nach den Wünschen anderer.

Ein Unternehmer ist ein Gestalter. Tanzt er nach den Wünschen anderer, hat er verloren. Deshalb: Folgen Sie Ihren Herzenswünschen! Lassen Sie sich das Wünschen nicht verbieten. Lassen Sie sich auch nicht vorschreiben, was Sie zu wünschen haben. Und: Lassen Sie sich auf keinen Fall einreden, wünschen sei nur etwas für Kinder, Narren oder Prinzessinnen. Die Freiheit, seinen Willen auszuleben, ist ein sehr hohes Gut!

Wichtig beim Wünschen für ein erfolgreiches, glückendes und erfüllendes Leben ist, stets die folgenden fundamentalen Kernfragen im Auge zu behalten:

- *»Was macht mich aus?«*
- *»Was macht mich einzigartig?«*

- »*Was soll als Überschrift über meinem Lebensweg stehen und eines Tages mein Vermächtnis sein?*«
- »*Wird der Welt etwas fehlen, wenn ich nicht mehr da bin? Herrscht dann Trauer oder gar Erleichterung?*«
- »*Wird die Welt durch meinen Beitrag etwas besser?*«

Bei der Suche nach Antworten sollten Sie sich nicht über den Mangel definieren. Auch Vernunft, Angst oder Vermutungen bzw. Befürchtungen aufgrund von Prognosen sind keine guten Ratgeber. Es gibt nur eine Sache, die wirklich zählt: Was wollen Sie? Die Antworten auf diese zentrale Frage führen uns zu Visionen und Zielen. Und der Ursprung, der Samen dafür, ist der Wunsch. Immer!

Wünschen ist ein Menschenrecht, das uns niemand nehmen kann. Es ist immer möglich und unabhängig davon, ob wir in einer Demokratie, einer Autokratie oder einem totalitären Staat leben, in Reichtum oder Armut, in Gesundheit oder Krankheit, als Akademiker oder Analphabet. Wünschen hat nur mit uns selbst zu tun, wo und wie auch immer wir leben.

Wünsche sind die Quelle unseres Antriebs! Auch die des Unternehmers. Wenn man sich etwas wünscht und dabei bleibt, setzt man eine Maschinerie in Gang, die in der Psychologie nach Alfred Adler (1870–1937), einem der großen Väter der Psychoanalyse, als »sich selbst erfüllende Prophezeiung« bezeichnet wird.[55] Damit ist gemeint, dass etwas, was man über sich selbst vorausgesagt hat, durch bewusstes oder unbewusstes Handeln schließlich auch eintritt. Insofern regiert nicht das Geld die Welt, sondern unsere Wünsche regieren die Welt! Das war schon immer so. Ja, man braucht einen langen Atem, um das zu realisieren. Kurzatmigkeit hilft nicht. Aber unsere moderne Zeit leidet an Kurzatmigkeit, das ist ein Teil unseres Problems.

Am Ende wird man eines sehen: Erfolgreich sind immer diejenigen, die an ihren Wünschen, Visionen und ihrer Verantwortung für die Gemeinschaft, für nachhaltigen Fortschritt, festgehalten haben. Und das trotz aller Widrigkeiten. Gerade die großen Persönlichkeiten der Geschichte waren es, die unbeirrt daran festgehalten haben. Das gilt auch für die großen, weltberühmten Unternehmer.

»Wer – wen?«: die Machtfrage

Ein Blick auf die Machtfrage ist für Unternehmer und Manager in dem Zusammenhang auch wichtig. Denn alles lebt in einer Beziehungswelt. Auch die Unternehmerin, der Unternehmer, das Unternehmen. Und wer das versteht und gut damit umgehen kann, hat schon ein gutes Stück des Erfolges auf seiner Seite. Mein lieber Freund, Prof. Dr. Martin Kriele (1931–2020), deutscher Staatsrechtslehrer und Richter am Verfassungsgerichtshof für das Land Nordrhein-Westfalen, hat in seinen Vorlesungen und Schriften die Machtfrage in bestechender Weise auf die Lenin'sche Frage bezogen: »Wer–wen?«[56] Denn hinter der Machtfrage steht immer die Grundfrage: Wie sind die Beziehungen? Dabei geht es nicht isoliert um die einzelne Person oder um einzelne Sachverhalte. Vielmehr geht es immer um die Beziehungen – auch in der Wirtschaft. Ist es zum Beispiel eine Beziehung auf Augenhöhe oder ist es eine hierarchische, eine freie oder eine erzwungene? Ist diese Beziehung konstruktiv oder destruktiv, aus positiven oder negativen Motiven gewollt? Wer hat auf wen zu hören? Wer ist wem gegenüber weisungsbefugt? Wer nutzt wen aus? Wer fördert wen? Wer bekämpft wen? Wer besiegt wen? Wer fürchtet wen? Wer ist der Mächtige oder Ohnmächtige? Wer profitiert von wem? Wer ist Opfer und wer Täter? Wer hat die Macht? All das gilt es zu durchschauen und klug damit umzugehen.

Selbst in der Mathematik geht es um Beziehungen, denn unsere ganze Welt ist eine von Beziehungen. Natürlich sind die Zahlen für sich selbst hochinteressant. Sie haben ein Wesen, eine Wirkung, eine Bedeutung. Aber das Wichtige ist einmal mehr: Was steht zwischen den Zahlen? Um welche Beziehung geht es? Steht dort ein Plus, ein Minus, ein Mal, ein Geteilt, eine Wurzel aus, ein Quadrat oder was auch immer? Darauf kommt es schlussendlich an. Denn wir leben, wie schon erwähnt, in einer Welt der Beziehungen.

Lenin, Wladimir Iljitsch Uljanow (1870–1924), der russische Marxist und kommunistische Revolutionär, Vorsitzender der Bolschewiki, 1922 Ur-Begründer der späteren UdSSR, bezog die Frage »Wer–wen?« in seiner 1902 erschienen Schrift »Was tun?« auf die Arbeitgeber und das arbeitende Proletariat, die Arbeitnehmer. Nach dem Motto: »Wer nutzt hier wen aus?«[57]

Die »Wer-wen-Frage« mündet in einen Blick auf die Prozesse, auf die Dynamik, auf die Veränderungen, das Infragestellen, den Wandel und das Klarstellen von Beziehungen. Dieses Machtspiel zu durchschauen, im Großen wie im Kleinen, im eigenen Unternehmen, im Umfeld, am Markt, ist essentiell!

Eine viel weisere und humanere Sicht als Lenin auf die so wichtige »Wer-wen-Frage« hat uns der chinesische Philosoph und Großmeister Lao Tse (6. Jahrhundert v. Chr.) hinterlassen. Sein wunderbares, kleines Werk »Tao-Te-King« gilt als das meistgelesene Buch der fernöstlichen Philosophie, als eine Art Bibel des Taoismus. Kein Wunder, dass auch der berühmte chinesische Philosoph Konfuzius (551 bis 479 v. Chr.) Lao Tse als großen Lehrer verehrte. Gerne möchte ich Ihnen »Tao-Te-King« ans Herz legen. Denn hier bietet Lao Tse nahezu ewig gültige, lebenskluge Orientierung und auch Antworten auf aktuelle Fragen im 21. Jahrhundert.[58]

Und weil wir schon bei anderer Literatur sind, lesen Sie sich in dem Zusammenhang doch auch das zauberhafte Gedicht »Legende von der Entstehung des Buches Tao-Te-King auf dem Weg des Lao Tse in die Emigration«. Es stammt von Bertolt Brecht (1898–1956), einem der einflussreichsten deutschen Dramatiker und Lyriker des 20. Jahrhunderts. Das Gedicht ist eines seiner berühmtesten Werke. Darin findet die klassische Lenin'sche Frage »Wer – wen?« eine auch für Unternehmerinnen und Unternehmer sehr weise Antwort. Diese Antwort lautet: Mit der Zeit besiegt das weiche Wasser sogar den harten Stein![59]

Weiches Wasser: Wünsche, Voltaire und Lao-Tse

Zum Glück wissen die meisten Menschen, dass am Ende der Beitrag derer zählt, die etwas Konstruktives tun, die etwas erfinden, die etwas Nachhaltiges aufbauen, die etwas wagen. Und nicht das große oder schnelle Geld. Deshalb kennen wir heute nicht die Namen der Schönen und Reichen oder der Besserwisser aus früheren Zeiten. Auch nicht jene der Kritiker von Leonardo da Vinci, Michelangelo Buonarroti, Benjamin Franklin, Wolfgang Amadeus Mozart, Johann Wolfgang von Goethe, Mahatma Gandhi, Mutter Teresa, Winston Churchill, Albert Einstein, Henry Ford, Thomas Alva Edison, Nelson Mandela oder Coco Chanel.

Was wir aber kennen, das sind die Namen dieser berühmten, bedeutenden Persönlichkeiten und vieler anderer aus der Wissenschaft, der Musik, der Literatur, der Kunst. Die Namen großer Staatsmänner, Erfinder und ja, auch Unternehmer. Jene, die etwas Konstruktives beigetragen haben, die wirklich Weltbewegendes bewerkstelligt haben, die sich inspirieren ließen und sich eingesetzt haben für ihren Traum, für ihren Wunsch, für ihre kreative Leistung – und das allen Widerständen zum Trotz.

Machen wir uns diese Vorbilder zu eigen, auch wenn es nicht um Weltruhm und Popularität geht, sondern nur um uns und unser »normales« Leben. Widmen wir uns dem Besseren, der Qualität. Seien wir konstruktiv! Betrachten wir alles das, was uns als menschlich, sinnvoll und problemlösend erscheint, mit Wohlwollen. Unterstützen wir all diejenigen, die Probleme anpacken und lösen und eine konstruktive, möglicherweise auch neue, überraschende Idee haben und versuchen, etwas besser zu machen.

Die Finnen führen häufig die Rangliste des »World Happiness Report« als das weltweit zufriedenste Volk an.[60] Der finnische Philosoph, Forscher, Psychologe und Buchautor Frank Martela (geb. 1981) hat die Grundlagen des Glücks und der hohen Lebensqualität der Finnen untersucht und dazu das interessante Buch »A Wonderful Life: Insights on Finding a Meaningful Existence« geschrieben.[61] Eine wichtige Erkenntnis lautet:

> »Am wichtigsten ist, dass sowohl die Forschung als auch unsere tägliche Erfahrung bestätigen, dass ein wichtiger Weg zu mehr Sinnhaftigkeit darin besteht, anderen zu helfen – Freunden, Nachbarn, der lokalen Gemeinschaft, der Gesellschaft«.[62]

Hinterlassen wir unseren »Wünsche-Footprint« des Wert-Vollen, des Andere-reich-Machens. Kultivieren wir das Konstruktive als Lebensmaxime. Gerade das Unternehmertum bietet hierfür schier unendliche Möglichkeiten. Das Geldverdienen ergibt sich dabei ganz von selbst.

Kapitel II

Persönlichkeits-management des Unternehmers

Im zweiten Kapitel geht es um den Unternehmer als Mensch und darum, wie er mit seinen ganz spezifischen Herausforderungen und den Spielregeln an der oft einsamen Spitze am besten umgeht. Wie er kluge Entscheidungen trifft, durchhält und Schwierigkeiten überwindet.

1. Haben Sie heute schon gebrannt?

Wenn jemand von etwas vollkommen begeistert ist oder sich für etwas mit all seiner Kraft, mit all seinem Mut einsetzt, dann sagen wir, jemand brennt für diese oder jene Idee oder für den und den Sport oder diese und jene Mission. Die Frage ist: Wofür brennt man? Was ist alltägliche Routine? Was ist Pflicht? Was ist dieses typische »*Man muss ja …*«? Wobei an den letzten drei Wörtern so ziemlich alles falsch ist. Denn »*man*« gibt es eigentlich nicht. In Wahrheit gibt es nur Sie oder eine ganz bestimmte andere Person. Und »*muss*« ist ein eher unsinniges, fragwürdiges, fast okkultes Wort, das man möglichst vermeiden sollte. Niemand muss irgendetwas. »*Man kann ja schlecht Nein sagen. Das ist eben so!*« Wieso? Nichts ist eben einfach so, unabänderlich und alternativlos. Das ist unserer auch nicht würdig. Dazu sind wir nicht auf der Welt. Auch Sie sind nicht irgendein Klumpatsch, sondern eine Kerze, die brennen kann oder schon brennt.

Brennen für – leben für

Wofür brennen Sie? Was auf dieser Welt begeistert Sie so sehr, dass Sie dafür »*sterben*« würden? »Sterben« – das ist ein pathetisches Wort. Aber wenn Sie etwas finden, von dem Sie sagen können: »*Dafür würde ich mein Leben geben. Dafür würde ich meine Hand ins Feuer legen!*«, dann haben Sie etwas, wofür Sie leben. Denn »*brennen für*« ist ein Synonym für »*leben für*«.

Wie schon erwähnt: Erfolg zu haben, ist kein großes Problem. Den Erfolg langfristig zu halten, das ist das Problem. Und das funktioniert nach anderen Spielregeln, als nur einfach mal zu machen. Um den Erfolg langfristig zu halten, braucht es die Klärung der folgenden, bewusst gestellten Fragen. Denn ein guter Unternehmer oder eine gute Unternehmerin zu sein, hat viel mit Selbsterkenntnis zu tun!

- »*Wer bin ich eigentlich?*«
- »*Was macht mich einzigartig?*«
- »*Was kann und weiß ich wirklich?*«
- »*Was will ich, was mag ich am liebsten?*«
- »*Was wollte ich früher? Will ich das jetzt auch noch?*«
- »*Passt das, was ich will, in die Zeit und zu dem, was andere wollen?*«
- »*Will ich das, was andere wollen? Oder wo finde ich Menschen, die auch das wollen, was ich will?*«
- »*Kann ich mir das zutrauen?*«
- »*Kenne ich nicht nur die Spielregeln, sondern vor allem auch die ungeschriebenen Erfolgsregeln?*«
- »*Habe ich eine gute Menschenkenntnis?*«
- »*Sehe ich, was sich tatsächlich hinter der Fassade eines Menschen verbirgt?*«
- »*Kenne ich mich selbst, mein Verhalten, meine Schwächen, meine wahren Freunde?*«
- »*Kenne ich auch meine ›Feinde‹?*«
- »*Kenne ich meine Beziehungsfähigkeit?*«
- »*Kann ich mit mir im inneren Dialog sein und liege ich richtig mit meinem Bauchgefühl? Mit meiner Intuition? Mit dem, was ich sozusagen innerlich höre, sehe, erlebe, spüre, fühle?*«
- »*Bin ich bei mir angekommen? Bin ich stabil, souverän genug, um darauf zu vertrauen, darauf zu bauen, dass ich langfristig erfolgreich sein werde?*«

Werfen Sie nicht gleich die Flinte ins Korn, wenn Sie noch nicht alle Antworten auf diese Fragen parat haben. Aber arbeiten Sie mit Priorität daran! Was also begeistert Sie? Was sind Ihre Herzenswünsche? Bitte machen Sie unter keinen Umständen den folgenden Fehler: Fangen Sie nicht an aufzuzählen, *wogegen* Sie sind. Es kann hunderttausend Dinge geben, gegen die Sie sind. Und das meist aus gutem Grund. Wahrscheinlich sind Sie gegen Krieg, Hunger, Armut, Elend, Krankheit, Verschwendung – gegen alles Mögliche. Aber hier geht es nicht darum, gegen etwas zu sein. Hier und jetzt geht es um die lebenswichtige Frage: »*Wofür sind Sie da? Wofür sind Sie nicht nur hin und wieder ein bisschen, weil Sonntag ist, weil Wahlen sind oder weil es alle anderen auch machen?*«

»Man muss ja …« Nein! Sie müssen nicht!!!

Wofür brennen Sie? Das heißt: Was auf dieser weiten Welt packt Sie so, begeistert Sie so, dass Sie dafür alles geben, alles riskieren würden? Sie sind nicht zu normal, zu untalentiert, zu unbedeutend, um für etwas brennen zu können. Jede konstruktive Idee ist gut. Jede ist wertvoll. Jede ist eine Flamme mehr, wenn sie bewusst gelebt wird. Eine Flamme, die nicht nur da ist und gelegentlich aufflackert, begrenzt auf einen kurzen Moment.

Wofür brennen Sie? Wenn Sie sich damit ernsthaft auseinandersetzen, wird Ihnen gar nichts anderes übrig bleiben, als sich klarzumachen: Leben Sie in einem lebendigen Sinn? Oder sind Sie einfach nur hier auf dieser Welt, in einem Leben des Hineingeworfenseins in das sinnlose Durchschreiten der Jahre? Das Leben ist eine Reise. Dazwischen liegen Abenteuer, Herausforderungen, schöne Momente, Schwierigkeiten, Gefahren, Unbekanntes, Ungeplantes, großes Glück, wunderbare Begegnungen, Aussichten, Ansichten, Einsichten. Und je mehr und bewusster Sie für etwas Konstruktives brennen, desto reicher wird die Ernte Ihres Lebens ausfallen.

Das macht Sie erfolgreich!

Hören Sie nicht auf, nach etwas zu suchen, wofür Sie brennen, bis Sie es für sich entdeckt und geklärt haben! Sie haben die freie Wahl, die freie Entscheidung. Sie brauchen nicht darauf zu warten, dass Ihnen jemand sagt, wie nützlich Sie sind, welche verborgenen Talente Sie haben oder was der Sinn Ihres Lebens sein soll. So wird kein Schuh draus. Sie selbst sind schon die einzigartige Kerze! Über Ihnen lodert das Feuer.

Herauszufinden, wofür Sie brennen, bedeutet nicht, Ihre Zeit mit jahrzehntelanger Suche zu vergeuden. Finden heißt entscheiden, wählen – zügig, jetzt! Vielleicht sagen Sie in zehn Jahren: »*Nun ist es Routine, das ist nicht mehr mein Thema!*« Dann suchen Sie sich wieder etwas Neues, wofür Sie brennen. Sie haben ein langes, langes Leben. Sie können für viele Dinge brennen. Hauptsache, Sie brennen!

Sind Sie ein berufener Unternehmer, eine berufene Unternehmerin? Oder möchten Sie es gerne werden? Brennen Sie für das Unternehmertum? Oder doch nicht? Der Clou an der Sache? In dem Moment, in dem Sie anfangen, für etwas zu brennen und das auch nach außen hin zu leben, wird Ihr Licht für andere sichtbar. Das macht Sie nicht nur sichtbar, sondern auch liebenswert und bewundernswert. Auf den Punkt gebracht: Das macht Sie erfolgreich! Es macht Sie nützlich. Es macht Sie vielleicht sogar notwendig. Es macht Sie zum Vorbild. Es macht Sie zu dem, was Sie eigentlich schon immer waren, die perfekte, brennende Kerze, die endlich bewusst ihr Licht erstrahlen lässt.

Einzigartigkeit

Wofür brennen Sie? Die Chance, diese Frage für sich sehr genau zu klären, liegt darin, sich auf das zu besinnen, was Ihnen wirklich wichtig ist. Auf das, was Sie einzigartig macht und was eines Tages als Überschrift über Ihrem Lebensweg stehen und Ihr Vermächtnis sein soll. Hier zählt weder das Bankkonto noch das Auto oder die noch so schöne Immobilie. All das kann am Ende des Lebens niemand mitnehmen. Was zählt, sind die konstruktiven, positiven Beiträge für die Menschen und die Welt. Es sind die schönen sowie die gemeisterten schwierigen Momente, die guten Gesten, das liebe Wort, die kleinen Gaben. Es ist das menschliche Miteinander, in dem wir auch das zuhörende Ohr, der gute Ratgeber, der Förderer, Helfer und Unterstützer sind.

Es geht um das Positive. Wenn man es ganz pragmatisch sehen will, geht es um den Nutzen für die anderen – sei es als nützlicher Mensch oder als nützliches Unternehmen, als nützlicher Unternehmer oder als nützliche Unternehmerin, mit nützlichen Produkten und Dienstleistungen für die Menschen und die Welt. Nützlichkeit ist der beste Weg, um aus jeder Situation eine Zeit des Erfolgs zu machen. Einfach ein nützlicher, guter Mensch sein, jemand, der für etwas Konstruktives brennt. Nicht mehr – aber auch nicht weniger.

2. RMK-Decision-Scout: Erfolg durch kluge Entscheidungen

Wie die Wortzusammensetzung »Ent-Scheidung« schon sagt, geht es beim Entscheiden darum, die zur Verfügung stehenden Wahlmöglichkeiten abzuwägen, sich von der einen oder anderen zu trennen, sich zu »scheiden«. Erfolgreiches Unternehmertum und kluge Entscheidungen bedingen einander. Die Möglichkeit, aufgrund unseres freien Willens eigene Entscheidungen treffen zu können, ist wohl eine der wunderbarsten Gegebenheiten und Errungenschaften der Menschheit!

Es ist Ihre freie Ent-Scheidung

Es ist Ihre eigene, freie Entscheidung, was Sie aus Ihrem Leben, Ihrem Unternehmen machen wollen. Sie können sich immer für oder gegen etwas entscheiden. Natürlich ist kaum eine Entscheidung ohne Risiko. Das ist die Kehrseite der Medaille, der Preis dieser Freiheit. Denn totale Freiheit und zugleich totale Sicherheit gibt es nicht. Und wir müssen immer mit den Konsequenzen leben, die jede Entscheidung mit sich bringt.

Es ist Ihre freie Entscheidung, ob Sie in unliebsamen Situationen verharren oder das Risiko eingehen, etwas zu verändern, zu wagen, zu unternehmen. Wählen Sie im Zweifelsfall lieber das Risiko und die Veränderung als den vergifteten Kompromiss, der am Ende für alle Beteiligten nur unstimmig ist.

Sich vor einer Entscheidung zu drücken, darauf zu hoffen, dass sich die Dinge von selbst regeln werden, ist gerade im Geschäftsleben selten von Vorteil. Nur wer rechtzeitig entscheidet, sitzt im Driver-Seat. Weder überstürzte noch zögerliche Entscheidungen sind wünschenswerte Verhaltensweisen eines verantwortungsbewussten Unternehmers oder einer verantwortungsbewussten Unternehmerin.

Wo gehobelt wird, fallen Späne; wo entschieden wird, gibt es auch Fehler. Die einzige Alternative zu Fehlern wäre, keine Fehler zu machen. Aber keine Fehler zu machen, das geht nur, wenn man keine Entscheidungen trifft und nichts tut. Sich vor lauter Angst vor Fehlern und Fehlentscheidungen, vor Enttäuschungen, vor dem Verlust des Selbstvertrauens paralysiert zurückzuziehen, ist jedoch keine Lösung. Es bringt auch nichts, zu meinen, Entscheidungen seien ohnehin Schicksal und man solle deshalb besser gar nichts mehr entscheiden. Damit gibt man sein selbstbestimmtes Leben an der Garderobe ab. So wird man spätestens am Ende seines Lebens feststellen: »*Ich habe mein Leben gar nicht selbst gelebt. Ich wurde gelebt und habe es geschehen lassen!*« Das wäre eine schreckliche Bilanz eines weitgehend vergeudeten Lebens.

Ihr Entscheidungslotse: Der RMK-Decision-Scout

Auf der nächsten Seite finden Sie ein sehr nützliches Modell, um Entscheidungen zu überprüfen. Dieses Modell hilft Ihnen, kluge, erfolgreiche Entscheidungen zu treffen. Sie können das Modell für sich allein, aber auch in einem kleinen oder größeren Kreis anwenden. Wichtig ist, dass Sie sorgfältig damit arbeiten und ehrlich zu sich selbst sind. Dann funktioniert es auch für Sie!

Darf ich vorstellen – das ist Ihr Entscheidungslotse:
der RMK-Decision-Scout

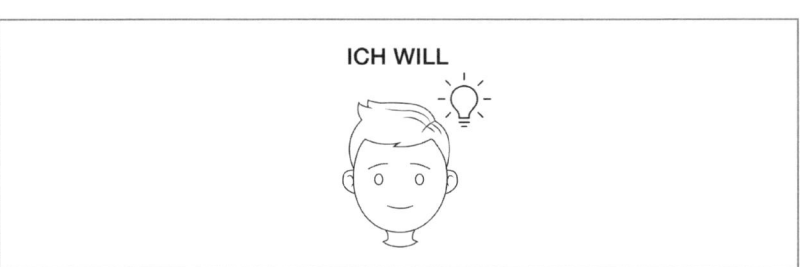

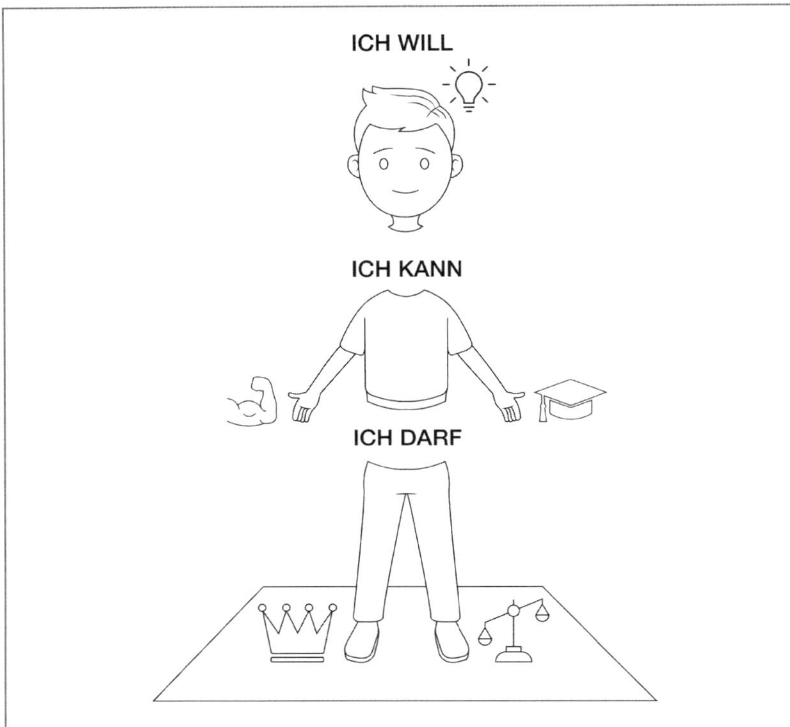
ICH WILL
ICH KANN
ICH DARF

© Grafik: Matteo Schoner

Dieses »Von-Kopf-bis-Fuß-Modell« hat drei Ebenen der Entscheidungsfindung und so funktioniert es:

Ebene 1 – der Kopf: ICH WILL

ICH WILL

- Symbolisch gesehen: Wünsche und Ideen entstehen im Kopf.
- Vom Kopf gehen die Ideen, die Eingebungen, die Aha-Erlebnisse, die Träume, die Wünsche, die Visionen, das Verlangen, die Ideale und der Wille aus.

Klären Sie zuerst: »*Will ich dieses oder jenes?*« Sozusagen: »*Will es mein Kopf?*«

- Was wollen Sie konkret?
- Führt Sie das dorthin, zu dem Ergebnis, wo Sie tatsächlich hinwollen?
- Tun Sie damit das, was Sie wirklich wollen?

Ebene 2 – die Hände: ICH KANN

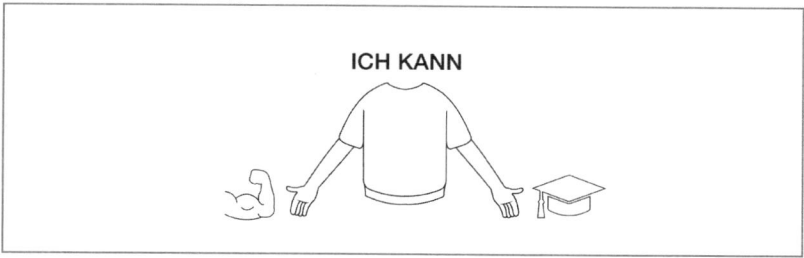

- Symbolisch gesehen: Was Sie mit Ihren »Händen« schaffen können.
- Haben Sie dazu eine stimmige Positionierung in der realen Welt? Oder positionieren Sie sich zu hoch oder zu niedrig? Und: Können Sie es wirklich?

- **Linke Hand:** Haben Sie die **Kompetenz** dazu?
  - Können Sie es, weil Sie die Kompetenz dazu haben?
  - Haben Sie die Kompetenz dazu – beispielsweise, weil Sie ähnliche Dinge schon erfolgreich umgesetzt haben?
  - Können bedeutet auch, es sich zumindest zuzutrauen, dass Sie es können bzw. hinbekommen werden.

- **Rechte Hand:** Haben Sie die **Kraft** dazu?
  - Haben Sie die Kraft dazu, es umzusetzen? Wobei mit Kraft alles im Sinne von Energie, mentaler Stärke, Ausdauer, Ressourcen, Kapital, Gesundheit … gemeint ist.
  - Oder, wenn Sie die Kompetenz noch nicht haben: Haben Sie die Kraft, um durchzuhalten und die entsprechende Kompetenz zu erlangen?

Das ICH KANN ist sehr wichtig! Es bewahrt Sie vor zwei gravierenden Fehlern. Es schützt Sie davor, zu sagen:

1. *»Weil ich will, kann ich!«*
2. *»Weil ich oder meine Familie Geld haben, kann ich!«*

Hier wird das Können durch das Wollen oder durch das geliehene, geerbte, vom Investor eingeworbene, eventuell auch selbst verdiente Geld ersetzt. Nur, das funktioniert nicht! Können heißt: Ich habe das gelernt, wenn nötig, studiert. Ich habe mich viele Jahre hinweg damit beschäftigt. Ich habe auch praktische Erfahrung damit. Oder anders ausgedrückt: ICH KANN basiert auf der realen Erfahrung des Könnens. Das bedeutet praktische Arbeit leisten, lernen und Prüfungen bestehen, ein Ergebnis abliefern, das auch stimmt. Das erfordert Wissen, reale Lebenserfahrung, den praktischen Umgang mit der Sache.

Die andere Seite von ICH KANN bedeutet: Ich kann das aus meinem Inneren heraus, aus meinem Selbstbewusstsein heraus – und mein Selbstwertgefühl sagt mir das auch. Im Umkehrschluss heißt das: Wenn Ihre innere Haltung die des Verlierers, des Pechvogels, des Schwachen ist, dann können Sie schon deshalb nicht ICH KANN sagen. Sie brauchen also eine **innere Kompetenz.** Nach dem Motto: *»Ich weiß, ich kann das erfolgreich durchziehen und das gewünschte Ergebnis erzielen. Ich traue mir das zu. Ich habe die nötige innere Sicherheit dafür.«*

Das äußere ICH KANN bedeutet: *»Ich habe der Welt bewiesen, dass ich in der Praxis etwas von dem verstehe, was ich jetzt vorhabe. Zum Beispiel ein Unternehmen zu gründen und es erfolgreich zu führen.«*

Viele junge Menschen meinen, es würde ausreichen, wenn sie das Geld ihrer Familie haben oder wenn sie gerade mal vier Semester studiert und ein Zertifikat in der Tasche haben. Und wenn dann noch eine großzügige Bank einen großzügigen Kredit gibt, dann heißt es: »*Ich habe das Geld und ›logischerweise‹ kann ich das auch!*« Aber so wird es kaum funktionieren. Doch wie kann es funktionieren? Dazu sollten Sie sich folgende Fragen stellen:

»*Stimmt meine Selbstpositionierung?*« Kann ich das wirklich, was meine Kompetenz, meine Erfahrung und den Nachweis dafür in der Realität angeht?

»*Stimmt mein Selbstbewusstsein? Oder ist mein Selbstbewusstsein völlig über-zogen?*« Denke ich, weil ich Geld oder einen Abschluss habe, kann ich alles kaufen oder erreichen? Diese Verführung durch ein überhöhtes Selbstbewusstsein ist ein **überdimensioniertes ICH KANN**. Das ge-naue Gegenteil davon ist das **unterdimensionierte ICH KANN**. Es ist charakteristisch für jemanden, der jahrelange Erfahrung hat, der sich aber nichts zutraut, der kein Selbstbewusstsein hat, der sich nicht hin-stellt und den Mund aufmacht, obwohl er es besser könnte als manch anderer. Auch so kommt kein ICH KANN in der stimmigen Positionie-rung zustande.

Ebene 3 – Füße: ICH DARF

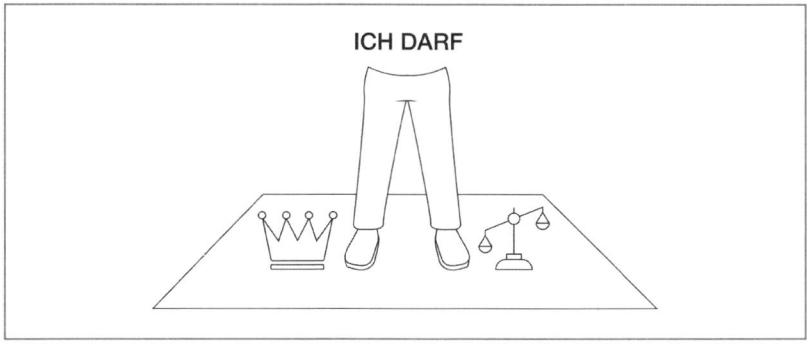

- Diese Ebene prüft die Frage: »*Darf ich das?*«
- Symbolisch gesprochen: Haben Sie den Boden unter Ihren Füßen, auf dem Sie fest und sicher stehen können, um diese Entscheidung zu vertreten und umzusetzen?

- **Linker Fuß:** Dürfen Sie das vor oder in der Welt?
  - Vor den Menschen?
  - Vor der Umwelt?
  - Vor den Gesetzen?
  - Vor der Gesellschaft?
  - Vor …?

Dazu gehört auch die Frage: »*Warum nicht?*« Dass ich es kann, habe ich schon im vorherigen Schritt geprüft. Wer hindert mich also daran? Meine eigene Angst? Meine Unsicherheit? Mein vielleicht schon früh erlernter Kadavergehorsam? Mein Mangel an Ehrgeiz und Begeisterung? Hier geht es um den Mut, es anzugehen. Ich weiß nicht nur theoretisch, dass ich es kann, sondern jetzt wage ich es. Ich bin mutig. Ich packe mich am Schopf und mache es. Der Unternehmer ist dann derjenige, der etwas unternimmt, der die Schritte auch geht. Deshalb ist das ICH DARF den Füßen zugeordnet.

- **Rechter Fuß:** Dürfen Sie das im Hinblick auf moralische, ethische Grundlagen und fundamentale Werte?
  - Entspricht es Ihren jeweiligen Werten und Normen allgemein?
  - Entspricht es Ihrer Verantwortung als Mensch, Vorbild, Unternehmer, Unternehmerin, Mitbürger, Mitbürgerin, Vater, Mutter …?
  - Und schließlich: Entspricht es den allgemeinen wahren Werten? Hier kommen grundlegende Rechte, Werte und Prinzipien wie die Unantastbarkeit der Menschenwürde, der Würde der Natur und der Schöpfung ins Spiel. Ebenso Prinzipien des moralischen Handelns oder ethische und religiöse Normen.

Wenn Sie eine Entscheidung abwägen, dann wäre der Idealfall für ein »*Ich mache das!*« gegeben, wenn Sie alle drei Ebenen (ICH WILL, ICH KANN, ICH DARF) mit den insgesamt fünf Aspekten (Kopf, linke und rechte Hand, linker und rechter Fuß) mit einem zustimmenden Ja beantworten können. Natürlich bleibt es Ihnen und Ihrer Freiheit überlassen, welche Parameter und Aspekte für Ihre Entscheidung eine Rolle spielen. Wenn Sie Ihre Entscheidungsfindung eher technisch, analytisch, optimierend sehen, dann sind für Sie vielleicht nur die ersten vier Aspekte relevant, wohingegen der »rechte Fuß« keine Rolle spielt. Ganz anders sieht es aus, wenn Sie auch edle, wahre, spirituelle Werte und Weisheiten oder Charakterwerte beachten und leben – beispielsweise den kategorischen Imperativ oder die christliche Lehre, den »*Tao-Te-King*« oder die goldene Regel: »*Was du nicht willst, das man dir tu, das füg' auch keinem andern zu!*«[63] In diesem Fall werden Sie um den fünften Aspekt, die Kriterien des »rechten Fußes«, bei der Entscheidungsfindung nicht herumkommen. Mehr noch: Der »rechte Fuß« wird dann sogar zu Ihrem wichtigsten Entscheidungskriterium.

Nun stellt sich noch die Frage, ob es eine relative oder eine absolute Wahrheit über Entscheidungen gibt. Dazu ist zu sagen, dass beides zutrifft. Die ersten vier der oben genannten Aspekte der Entscheidungsfindung, also Kopf, linke und rechte Hand sowie linker Fuß, sind auf den Menschen bezogen und werden von ihm bestimmt. Insofern entsprechen sie einer relativen Wahrheit, dem subjektiven Maßstab des Entscheiders. Anders ist es mit dem fünften Entscheidungskriterium, dem rechten Fuß im Modell, der Frage: »*Darf ich das im Hinblick auf meine und die allgemeinen Werte?*« Hier stellt sich letztlich die Frage an den Entscheider: »*Was sind meine zentralen, wahren Werte?*« Lassen Sie es mich zur Verdeutlichung noch etwas pathetischer ausdrücken: »*Was ist mir heilig? Was ist für mich unumstößlich gültig?*« Das bedeutet: Obwohl bei einer Entscheidung die ersten vier Aspekte mit einem klaren Ja beantwortet werden können, wird sie definitiv und absolut verworfen, wenn der fünfte und wichtigste Punkt, die Kriterien des rechten Fußes, nur mit einem Nein beantwortet werden kann.

Eine Erfolgsgarantie gibt es nicht

Wenn der RMK-Decision-Scout bei der Entscheidungsfindung herangezogen wird, ist der Erfolg relativ wahrscheinlich. Eine Erfolgsgarantie gibt es allerdings nicht. Wir sind nicht allein auf der Welt. Alle anderen haben auch das Recht auf ihre Freiheit. So gesehen ist jeder von anderen abhängig. Womit wir wieder bei der »Wer-wen-Frage?« wären. Wenn man zum Beispiel mit seiner Entscheidung jemandem in die Quere kommt, der das nicht will und deshalb dagegenarbeitet, kann das natürlich den Erfolg infrage stellen.

Es gibt auch Situationen, die im Moment nicht erfolgreich erscheinen, weil etwa eine andere Stimmung, ein anderer Zeitgeist vorherrscht. Trotzdem könnte es in 10 bis 15 Jahren eine Erfolgsgeschichte werden, weil erst dann erkannt wird, was hier tatsächlich geleistet wurde. Wir kennen dies von unzähligen Beispielen großer Pioniere von Weltruhm, wie Gustave Eiffel (1832–1923), dessen Eiffelturm anfangs keine Akzeptanz fand, oder den bahnbrechenden Erfindungen von Nikola Tesla (1856–1943). Aber das gibt es auch im Kleinen.

Ein Kompromiss sollte immer ein Verfallsdatum haben

Was ist, wenn Sie den RMK-Decision-Scout nutzen und bei der Bewertung Ihrer Entscheidung bei einem der fünf Aspekte feststellen, dass es ein nicht unerhebliches »Ja, aber ...« gibt? Dann stimmt hier etwas nicht! Es spielt auch keine Rolle, ob dieses »Ja, aber ...« klar begründbar ist oder nicht. Ein »Ja, aber ...« ist kein volles Ja. Ein »Ja, aber ...« ist kompromissbeladen. Ihr Verstand oder Ihre Intuition, Ihr Bauchgefühl sagt Ihnen: *»Das mag ja ganz nett sein, aber es ist nicht stimmig!«*

Was Sie in diesem Fall tun können? Sorgen Sie für Veränderung! Jetzt werden Sie sagen: *»Ja, aber das ist riskant. Es könnte noch schlimmer werden!«* Theoretisch könnte es schlimmer werden. Diese Gefahr besteht. Doch es wird auf jeden Fall anders. Genau deshalb leben Sie besser und haben mehr Erfolg, wenn Sie die Veränderung suchen und sich um kompromisslose Stimmigkeit bemühen. Darum geht es! Ja, das kann auch mal schiefgehen. Aber das ist nicht so schlimm. Die Veränderung, der Mut zur Entscheidung, der Mut zur Unvernunft, der Mut, das Bejahende zu wagen, entspricht dem Sinn des Lebens, des Erfolges.

Fragen Sie sich, ob Ihnen die Veränderung hin zur kompromisslosen Stimmigkeit ein zufriedenes Lächeln entlocken würde. Überprüfen Sie alles mit dem goldenen Schlüssel des Lächelns – ein Lächeln, das aus Ihrer Seele kommt. Dieses Lächeln ist ein ausgezeichneter Navigator! Es zeigt Ihnen, dass alles perfekt zusammenpasst. Wie ein maßgeschneidertes Kleidungsstück, das Sie am liebsten gar nicht mehr ablegen möchten, weil Sie sich damit herrlich wohlfühlen. Wenn Sie jetzt sagen: »*Aber das ist doch völlig unrealistisch. Das geht doch gar nicht!*«, dann antworte ich Ihnen: Stimmigkeit erzielt und genießt der Mutige! Der Mutige, der es wagt, eine Vision zu haben, sie zu visualisieren und sich zu sagen:

> »*Mit Kompromissen bin ich weder langfristig noch nachhaltig einverstanden. Ich strebe nach Stimmigkeit – und zwar nicht nach einer Halb-, Viertel- oder Sechzehntel-Stimmigkeit! Und das heißt, ich werde mit Mut und Wagemut, mit aller Kraft daran arbeiten. Ich werde alles tun, was den Zustand der Stimmigkeit verbessert oder überhaupt erst richtig herstellen kann!*«

Der Schlüssel zu einem erfolgreichen Leben, zu einem erfolgreichen Unternehmertum und zu einem erfolgreichen Unternehmen ist das Bemühen, möglichst viel von dem, was man will und anstrebt, in die Welt zu bringen, ihm eine angemessene Bühne zu geben. Deshalb ist es nie der richtige Weg, einen (faulen) Kompromiss einzugehen! Stattdessen sollten Sie sich sagen: »*Ich dulde den Kompromiss nur für eine begrenzte Zeit. Vielleicht für vier bis fünf Jahre. Das halte ich noch aus, aber ich suche schon nach der stimmigen Alternative und bereite dafür schon jetzt alles vor!*« Indem man den Kompromiss zwar vorübergehend erträgt, aber die Korrektur schon im Kopf hat und daran arbeitet, erträgt man die Zeit des Übergangs am besten.

3. Erfolgreiche Unternehmer und Pokerspieler kennen die Regeln

Erfolgreiche Unternehmer oder Unternehmerinnen und Pokerspieler haben eines gemeinsam: Sie kennen die Spielregeln. Um beim Poker zu gewinnen, muss man entweder seine Gegner bluffen oder beim sogenannten Showdown die »beste Hand« aus fünf Karten zeigen. Dagegen sind die Spielregeln für Unternehmer, Manager und Führungskräfte weitaus vielfältiger. Es gibt viele geschriebene und noch mehr ungeschriebene Regeln. Um sie erfolgreich zu beherrschen, lernt man – genau wie beim Poker – ein Leben lang. Eine weitere Gemeinsamkeit: Weder das Pokerspiel noch das Unternehmertum sind etwas für schwache Nerven. Denn die Geschäftswelt gleicht oft eher einem Haifischbecken als einer Fair-Play-Veranstaltung. Darwins Theorie vom »Survival of the Fittest« lässt grüßen. Deshalb ist es wichtig, die wesentlichen Spielregeln des Unternehmertums von Anfang an zu kennen!

Wozu Spielregeln?

Die Antwort darauf ergibt sich einmal mehr aus der Lenin'schen Frage: »Wer-wen?« Denn unsere Welt ist, wie schon ausgeführt, eine Welt der Beziehungen. Und natürlich gibt es auch Regeln, nach denen diese Beziehungen ablaufen. So lässt sich die grundsätzliche »Wer-wen-Frage« zwischen dem Unternehmer oder der Unternehmerin und den Mitarbeitenden kaum am runden Tisch klären. Nach dem Motto: »Wir sitzen alle so nett an einem Tisch und haben alle die gleichen Rechte und die gleiche Verantwortung.« Denn das stimmt bekanntlich nicht. Die »Wer-wen-Frage« und die Spielregeln sehen ganz anders aus, wenn man sagt: »*Oben sitzt der Chef oder die Chefin und damit gibt es eine Hierar-chie – und unten sitzt der Nachtwächter für das Werksgelände!*« Der Nacht-wächter ist zwar wichtig für das Unternehmen, aber hierarchisch ist das etwas anderes. Denn der Nachtwächter kann dem Chef oder der Chefin keine Instruktionen erteilen. Im Zweifelsfall gibt vielmehr der Chef oder die Chefin dem Nachtwächter Anweisungen.

Um die Beziehungen in geordnete Bahnen zu lenken, werden Spielregeln aufgestellt. Manche werden aufgeschrieben – beispiels-weise eine Hausordnung, eine Schulordnung, eine Verkehrsordnung. Und an diese Spielregeln muss sich jeder halten. Das ist wie beim Fuß-ball. Da kann ein Fußballspieler nicht plötzlich den Ball in die Hand nehmen und sagen: »*Ich spiele jetzt lieber mit der Hand weiter!*« So etwas geht einfach nicht. Das ist gegen die Ordnung, gegen die Spielregeln. Diese Regeln sind vereinbart worden – und daran müssen sich alle halten. Nur dann funktioniert das Spiel. Und wenn es sich um Regeln handelt, auf die man sich sozusagen im Namen des Volkes geeinigt hat, dann spricht man von Gesetzen.

Es gibt viele ungeschriebene Spielregeln wie gutes Benehmen, Er-ziehung, Herzensbildung, Anstand, moralisch korrektes Verhalten oder Menschlichkeit im weitesten Sinne.

Gesellschaften oder Gemeinschaften als Ganzes werden vor allem durch Spielregeln, Vorschriften und Gesetze zusammengehalten. Die-se regeln ihre Beziehungen, damit das Zusammenleben funktioniert. Darum geht es! Die Einhaltung der geschriebenen Spielregeln ist re-lativ einfach, weil man entweder das Strafgesetzbuch oder das Bür-gerliche Gesetzbuch liest. Im Zweifelsfall kann man auch einen An-walt fragen, ob man dies oder jenes legal tun darf oder nicht. Manche halten sich zudem an den Katechismus, wieder andere an den Koran oder an irgendwelche Benimmbücher.

Viel schwieriger ist es dagegen, sich mit den ungeschriebenen Ge-setzen auseinanderzusetzen, eben weil sie nirgendwo niedergeschrie-ben sind. Diese ungeschriebenen Gesetze sind aber im Zusammen-leben nicht weniger wichtig. Im Unternehmertum, aber auch in der Karriere geht es hier um Fragen wie: Wie verhält man sich praktisch, klug, bestmöglich? Wie wird man zum Sympathieträger? Wie wirkt man glaubwürdig, kompetent? Was kann man tun, damit andere ei-nen mögen, anerkennen oder gar bewundern und vor allem unter-stützen?

Das Einhalten der ungeschriebenen Spielregeln führt letztlich dazu, dass man als kompetent, glaubwürdig, erfolgreich, vorbildlich, positiv, vielleicht auch als genial, jedenfalls als Gewinner oder Gewinnerin angesehen wird. Denn Menschen wollen Gewinnern folgen, keinen Verlierern.

Die Anzahl an ungeschriebenen Spielregeln ist erheblich. Sie alle ausführlich zu erläutern, würde den Rahmen dieses Buches sprengen. Aber zumindest drei bedeutungsvolle seien im Folgenden abgehandelt. Es empfiehlt sich jedenfalls, die Welt der Beziehungen genau zu beobachten, sie immer wieder durch die Brille der »Wer-wen-Frage« zu analysieren. Denn wenn Sie das tun, werden Sie staunen!

Spielregel 1:
Die Souveränität von Unternehmerinnen und Unternehmern

Mit der Souveränität steht und fällt alles. Wer seine Souveränität verliert, hat verloren. Souveräne Unternehmerinnen und Unternehmer agieren mit Klarheit, Mut, Diskretion, Würde, Haltung. Sie bauen sich einen mentalen Schutz gegen den oft kalten Wind auf, nehmen nicht alles persönlich und bleiben stets professionell. Im Idealfall sind sie in der Lage, eine gewisse innere Unberührbarkeit aufzubauen und gleichzeitig eine angemessene Empathie zu kultivieren.

Souveräne Unternehmerinnen und Unternehmer haben Mut und stehen für sich ein. Sie agieren nicht zu schwach oder gar in vorauseilendem Gehorsam. Sie machen von Anfang an klar, was sie wollen, was ihnen wichtig ist. Sie vertreten ihre Interessen. So halten sie die Dinge auf Kurs und verhindern, dass sie aus dem Ruder laufen. Souveräne Unternehmer und Unternehmerinnen hoffen auf Partner mit Ehrenkodex, auf ehrbare Kaufleute und Handschlagqualität. Doch sie verlassen sich erst darauf, wenn dies bewiesen ist. Bis dahin erwarten sie eher ein Defizit im Umgang mit den Spielregeln und sind doppelt auf Sicherheit bedacht.

Souveräne Unternehmerinnen und Unternehmer nehmen Rücksicht auf den Schwächeren. Doch sie wollen sich auch durchsetzen – zumindest, was den Mindestforderungskatalog betrifft. Deshalb haben sie gerade bei wichtigen Verhandlungen noch etwas in der Hinterhand. Etwas, das sie nicht sofort nennen, aber gegebenenfalls als

Trumpf ausspielen können. Falls sie sich einmal in einer für ihren Erfolg wichtigen Frage nicht durchsetzen können, warten sie ab, ohne aufzugeben. Sie haben einen langen Atem.

Souveräne Unternehmer und Unternehmerinnen werden sich möglichst keine Spielregeln aufzwingen lassen, die außerhalb ihres Wertekanons liegen. Das funktioniert natürlich nicht überall. Ein Beispiel ist der Umgang mit dem Finanzamt: Niemand kann den Staat einfach neu erfinden oder die Finanzgesetzgebung komplett über den Haufen werfen.

Souveräne Unternehmerinnen und Unternehmer handeln im Geschäftsleben nicht menschlich gut oder schlecht. Sie handeln selbstsicher. Denn hier haben sie es nicht mit ihren Freunden oder ihrer Familie zu tun. Hier geht es um ihre Rolle als Unternehmer oder Unternehmerinnen, die sich mit anderen treffen und mit ihnen Geschäfte machen, wenn es sinnvoll und lohnend ist. Sie wollen nicht geliebt oder bejubelt werden. Das kann man in der Geschäftswelt kaum erreichen. Vielmehr wollen sie geachtet und respektiert werden. Aber das erreicht man nicht, indem man versucht, weich, nett, gutmütig oder rücksichtslos und brutal zu sein. Das erreicht man, wenn man klar und souverän ist. Dann sagen ihre Geschäftspartner anerkennend:

»Hut ab und Finger weg, mit der Frau oder dem Mann ist nicht gut Kirschen essen. Diese Person weiß, was sie will! Sie ist ganz klar in dem, was sie sagt. Sie lässt sich nicht über den Tisch ziehen, aber andererseits zieht sie auch mich nicht über den Tisch!«

Das ist die Maxime, die man als souveräner Unternehmer, als souveräne Unternehmerin im Kopf haben sollte. Denn meist macht der Schwache den anderen Angst. Mutig dagegen wird man vor allem an der Seite eines Mutigen. Und nur wenige haben die Fähigkeit, Mut von sich aus zu entwickeln, deshalb gibt es ihn so selten. Mut erwächst häufig, sobald einer mutig vorangeht. Als Unternehmer oder Unternehmerin hat man die Pflicht, voranzugehen. Das heißt: Wenn Sie nicht mutig sind, ist es niemand für Sie. Wenn Sie nicht für sich und Ihre Sache einstehen, steht niemand für Sie ein.

Andererseits ist Ihre Erdung in der Realität wichtig: Denn Sie können auf Dauer nicht mehr sein, als Sie sind. Irgendjemand wird merken, falls Ihre Worte und Taten nicht zusammenpassen, Ihre Behauptungen fern der Realität, übertrieben oder nicht stimmig sind. Und falls Sie zum Tiefstapeln neigen, werden Sie das auf Dauer auch nicht durchhalten. Denn die Leute in Ihrem Umfeld werden irgendwann sagen:

»Das ist Fishing for Compliments, das ist eine Masche, das ist ein solches Theater, das ist langsam unangenehm!«

Kurzum: Niemand mag diejenigen, die zu hoch- oder zu tiefstapeln, aber so gut wie jeder findet das anziehend, was stimmig ist.

Spielregel 2: Eine Frage der Loyalität

Als Unternehmerin oder Unternehmer brauchen Sie eine gute Stammmannschaft und innerhalb dieser benötigt es von Haus aus – unabhängig vom Führungsstil, worüber man ein ganzes Buch schreiben könnte – eine ganz klare Ordnung und damit auch Hierarchie. Denn Zeit, Geld und damit Erfolg gehen gerade durch einen Mangel daran häufig verloren. Und von dieser Hierarchie, von Ihrem Team, braucht es primär eines: nämlich Loyalität! Daher ist das oberste Gesetz: Wer nicht loyal ist, der muss von Bord! Mangelnde Loyalität ist unentschuldbar! Jeder Unternehmer braucht vor allem loyale Mitarbeitende, alles andere bringt ihn auf Dauer um.

Spielregel 3: Nie ohne Plan B

Neben Anstand, Ordnung, Vertrauen, Wissen und Achtsamkeit ist es wichtig, immer genau hinzuschauen. Es gilt, zu prüfen, was man tut und was um einen herum geschieht. Seien Sie wachsam und auf Überraschungen vorbereitet. Halten Sie immer einen Plan B in der Hinterhand. Überlegen Sie: *»Wenn das nicht so klappt, wie in meinem Plan A vorgesehen, was mache ich dann?«*

Das gilt übrigens erst recht für Start-ups. Natürlich ist es in einer aufgeheizten Finanzwelt und Unternehmerschaft im Zeitalter des Turbokapitalismus so, dass man nur einen Plan-A hat. Denn auf der Basis von Plan A wurde OPM eingeworben. Daher wird man daran gemessen – und das macht einen ziemlich alternativlos. Das ist auch gerade von jenen, die »auf Pferde wetten«, so gewollt. Denn wer keine Alternative hat, der kämpft besser. Das gilt auch auf dem Schlachtfeld. Wer dort nur vorwärts kann, weil es keinen Ausweg gibt, der springt sogar verzweifelt in den Abgrund. Wenn man eine Alternative hätte, würde man sicher nicht den Abgrund wählen. Also immer eine Alternative haben, einen Plan B! Das gilt übrigens auch für das gesamte Leben eines Unternehmers oder einer Unternehmerin.

Sie sehen, es ist wichtig, die ungeschriebenen Spielregeln zu kennen. Leider würde es den Rahmen dieses Buches sprengen, auf die lange, lange Liste aller ungeschriebener Spielregeln einzugehen. Weitere Fragen zu den ungeschriebenen Spielregeln wären beispielsweise noch:

- Wie sieht es mit dem Umgang mit Vertraulichkeit und Geheimnissen aus?
- Oder mit der Führung?
- Oder mit Leitbildern und Mission-Statements seines Unternehmens?
- Oder mit der Handhabung von Meetings oder mit der Zusammenarbeit mit Beratern?

Achten Sie auf ungeschriebene Spielregeln. Schulen Sie Ihre Beobachtungsgabe dafür. Sie werden sehen, es lohnt sich, einen Blick und ein Verständnis dafür zu entwickeln. Man kann auch von anderen lernen und ein Meister darin werden.

Übrigens: Unter **www.wahrewerte.info/Spielregeln** werde ich ab und an weitere wichtige Spielregeln aufzeigen und erläutern. Natürlich gehe ich auch gerne auf Fragen ein, die Sie, liebe Leserinnen und Leser, mir zu diesem Thema oder zu anderen Inhalten aus diesem Buch stellen.

4. Wer an seinen Schwächen arbeitet, wird schwach

Wenn wir so daherreden, haben normalerweise natürlich immer die anderen die Schwächen und wir selbst eher wenige. Aber wir wissen, dass alle Menschen Schwächen haben, auch wir. Das gehört zum Menschsein dazu. Doch die Diskussion, die Aufmerksamkeit richtet sich viel zu oft auf Fehler, Mängel und Schwächen.

Der Begriff der menschlichen Schwäche bezeichnet das, was nicht ideal ist, was nicht perfekt ist, was weit unter dem Optimum liegt. Deshalb suchen wir nach Möglichkeiten, um unsere Schwächen irgendwie beseitigen zu können. Wir wollen wenigstens in den Normbereich kommen. Doch das ist ein äußerst mühsamer Weg, der sehr viel Kraft kostet und deshalb meistens nicht erfolgreich ist.

»Hier habe ich Schwächen!« Diese Feststellung des Status quo heißt noch lange nicht, dass die Schwächen dadurch in irgendeiner Weise geringer werden. Im Gegenteil: Sie werden erst richtig sichtbar und bekommen dadurch Raum. Das kann sogar dazu führen, dass sich jemand am Ende nur noch über seine Schwächen definiert.

Soll und Haben

Manchmal ist es gar nicht dumm, auf die eigenen Schwächen zu schauen, kritisch hinzusehen. Denn das schützt uns vor Überheblichkeit und Selbstüberschätzung.

Man kann also gerne einmal eine Liste seiner Schwächen und Stärken erstellen. Diese Liste sollte aber mindestens eine Handvoll Stärken enthalten – noch besser wären sieben, neun oder sogar zwölf. Und wenn Ihnen selbst keine Stärken mehr einfallen? Dann fragen Sie andere, was Sie besonders gut können, was Sie auszeichnet, wofür Sie im positiven Sinne der Inbegriff sind. Diese Liste Ihrer Stärken legen Sie gut sichtbar auf den Schreibtisch oder kleben sie an den Schrank. Wichtig ist, dass Sie diese Liste täglich vor Augen haben. Die Liste Ihrer Schwächen hingegen lassen Sie in einem Umschlag ganz hinten in einer Schreibtischschublade verschwinden.

Erfreuen Sie sich an Ihren Stärken. Leben Sie diese Stärken. Wenn Sie diese Stärken bewusst ausbauen, werden Sie immer besser. Arbeiten Sie Ihre Stärkenliste möglichst täglich, mindestens aber wöchentlich ab. Sorgen Sie dafür, dass keine Stärke in einer Woche ungelebt, unbedacht und ungefördert bleibt.

Und die Schwächen? Keine Sorge, die verschwinden nicht. Sie sind immer noch da und nerven. Aber sie stehen nicht mehr im Mittelpunkt. Mit den Schwächen passiert mit der Zeit etwas Wunderbares: In dem Moment, wo man sie einfach in Ruhe lässt und sich daran macht, seine Stärken zu stärken, stärkt man sich insgesamt. Und sobald Sie Ihre Gesamtkonstitution auf diese Weise stärken, werden Ihre Schwächen langsam, aber sicher angehoben und immer näher an den Normbereich herangeführt. Ihre Schwächen mutieren nicht zu Ihren Stärken. Aber sie werden zu abgeschwächten Schwächen. Wie von selbst, wie von Zauberhand. Weil das, was Sie stärkt, gleichzeitig das, was Sie schwächt, Schritt für Schritt minimiert.

Sein Verhalten zu ändern, gerade aus der Situation der Schwäche heraus, wo man sich ohnehin schon so klein, ohnmächtig und ausgeliefert fühlt, ist enorm schwierig. Dafür braucht es eine enorme Willenskraft, meist auch andere Menschen als Unterstützer. Was dagegen relativ leicht ist, ist seine Stärken zu leben. Und dann zu sehen, dass die Stärkung der Stärken die Schwächen nach und nach verringert. Versuchen Sie es einfach einmal. Dann werden Sie erleben, wie Ihr »Guthabenkonto« der Stärken wächst und automatisch das »Schuldenkonto« der Schwächen ausgleicht, letztlich sogar weit übertrifft, wenn man es etwas finanztechnisch ausdrücken möchte.

Natürlich kann es auch sinnvoll sein, darüber nachzudenken, wie man mit den Schwächen anderer Menschen umgeht. Oft ist es gut, manchmal sogar notwendig, dem anderen auch einmal zu sagen, was er nicht so gut macht, was nicht geht, wo er Schwächen hat. Gerade als Unternehmer oder Unternehmerin, als Führungskraft. Das ist in Ordnung. Aber sehr dosiert und maßvoll. Denn auch bei Kritik gilt: Die Dosis macht das Gift.

Bevor Sie jemanden auf seine Schwächen ansprechen, sollten Sie eine mindestens ebenso lange Liste seiner Stärken im Kopf haben. So können Sie in einem solchen Gespräch im gleichen Atemzug die Stärken loben. Übrigens: Wenn Sie das tun, stärken Sie eine Ihrer eigenen Stärken. Nämlich Ihre Stärke, die Stärken um sich herum zu erkennen und zu fördern. Stärken stärken bedeutet, den Weg zu Erfolg, Wohlstand, Reichtum und Glück einzuschlagen. Und wer will das nicht?

Wollen Sie sich ändern? Bloß nicht!

Ob bei der Suche nach einer Neupositionierung, bei Neujahrsvorsätzen oder nach einer überstandenen Schwierigkeit, nach einem Fauxpas, wenn man etwas völlig verbockt hat und in der Kritik steht: Es gibt Anlässe, wo man sich sagt: *»Ja, ich will und ich werde mich ändern!«* Vielleicht ist man auch in den modernen Strudel der Selbstoptimierung geraten, um vermeintlich alles noch besser, noch müheloser, noch erfolgreicher zu machen. Oder man hat von einem Vorbild, einem Buch, einem Psychologen oder Pädagogen den Rat bekommen, dieses oder jenes zu ändern, weil man es noch nicht richtig macht. Meine Bitte an Sie: Tun Sie das nicht! Ja, es kann sein, dass man für sich selbst den Ehrgeiz, das Bedürfnis, die Begeisterung verspürt, das eine oder andere besser zu machen. Aber Achtung: Dabei geht es selten um Ihre Persönlichkeit und Wesensart, sondern darum, was und wie Sie es tun. Sie spielen etwa Klavier, Schach oder Theater und Sie möchten es noch besser, noch virtuoser, noch müheloser machen? Ja, gerne! Aber bitte verbessern Sie nur das, was Sie *tun*, und nicht *sich selbst*! Das klingt jetzt ein wenig nach Haarspalterei. Wo ist der Unterschied? Der Unterschied ist fundamental: Was bedeutet es, wenn Sie sich, also Ihre Persönlichkeit und Wesensart, als veränderungs- oder verbesserungsbedürftig sehen? Das heißt, dass Sie sich als nicht optimal, als nicht ganz gelungen empfinden. Irgendwo zwischen befriedigend und ungenügend. Wenn Sie sich aber vornehmen, etwas besser oder anders zu können, dann mag das zwar einiges an Engagement und Disziplin erfordern, aber Sie sehen sich dabei auch in der Lage, es eines Tages zu schaffen, es besser zu können. Und das ist der große Unterschied.

»Ich muss und ich werde mich ändern!« Wenn man das sagt, will man nicht der sein, der man ist. Denn das heißt: Sie finden etwas an sich suboptimal, deshalb wollen Sie sich ändern. Aber genau das sollten Sie auf keinen Fall tun! Sie sind so, wie Sie sind, einzigartig, großartig, optimal, sozusagen unverbesserlich. Sie tragen so viele Fähigkeiten, Stärken und Talente in sich, dass es nichts zu ändern gibt. Sie müssen aus dieser Fülle nur die momentan bevorzugten Stärken hervorholen, zum Glänzen bringen oder mithilfe von Lehrern, Trainern, Büchern oder Übungen perfektionieren.

Jede Lebensphase stellt uns vor andere Herausforderungen und Aufgaben. Mal geht es um Geduld, mal darum, Mut zum schnellen Handeln zu entwickeln, mal um bessere Kommunikationsfähigkeiten und mal um handwerkliches Geschick. Aber machen Sie sich klar: Ihre Persönlichkeit, Ihre Seele sozusagen, ist bereits optimal, großartig, einzigartig, meisterhaft. Das ist nicht das Problem. Was Sie aber tun können? Praktische Fähigkeiten entwickeln und perfektionieren. Das funktioniert! Man sieht es an unzähligen Beispielen von Menschen, die sehr erfolgreich völlig unterschiedliche Karrieren im Leben gemacht haben. Aber dazu muss man seine Persönlichkeit nicht ändern. Das wäre ein fataler Trugschluss!

Ja, nicht jeder ist eine Marie Curie, Jeanne d'Arc, Indira Gandhi, ein Albert Einstein, Wolfgang Amadeus Mozart, Usain Bolt oder Leonardo da Vinci. Doch: Wenn man sich genügend Zeit nimmt, genügend Enthusiasmus, Hartnäckigkeit und Geduld aufbringt, dauert es vielleicht Jahre und Jahrzehnte, aber die Chancen stehen gut, solchen Idealen näherzukommen. Natürlich können wir nicht alles sein und tun, was der Schöpfung innewohnt. Aber die Menge der Möglichkeiten, was wir erreichen könnten, ist ziemlich groß. Es ist eine Art Urmeer der Möglichkeiten. Führen Sie sich dieses Bild immer wieder vor Augen. Geben Sie nicht auf, bis Sie Meister oder Meisterin dessen geworden sind, was in Ihnen steckt. Machen Sie immer weiter, bis Sie das, was Sie tun wollen, was Sie sich wünschen, erfolgreich in die Tat umgesetzt haben.

Wenn Ihre Arbeit nur Pflichterfüllung ist, ein Abhaken der täglichen Routine, dann ist das zu wenig. Widmen Sie also Ihr Leben der Meisterschaft und nicht der Veränderung. Werden Sie der, der Sie wirklich sind. Verfolgen Sie dieses Ziel mit Ehrgeiz. Das versetzt Berge!

5. Die drei heiligen Quellen des Unternehmers

Mut, Kraft und Durchhaltevermögen sind untrennbare Grundvoraussetzungen für den langfristigen Erfolg eines Unternehmers, einer Unternehmerin.

Der Mut

»Mut ist ein über der Norm liegender Einsatz zur Überwindung von Schwierigkeiten und Gefahren, der sich sowohl in aktivem oder auch defensivem Verhalten äußern kann.«[64] Mut ist eine Tugend, die etwas in Verruf geraten und aus der Mode gekommen ist. Heute ist Mut oft nur noch eine Frage der Technik, des Selbstbewusstseins oder der Yogapraxis und weniger das Ergebnis einer bestimmten Geisteshaltung, eines Werteverständnisses.

Wie wird man mutig? Es ist wichtig zu verstehen, dass nur derjenige mutig werden kann, der Angst kennt. Nur dann ist der Mutige zugleich vernünftig und geerdet. Und das veranlasst ihn, vor mutigen Schritten erst einmal genau hinzuschauen, nachzudenken, Risiken und Gefahren abzuwägen. Auch hier kann der RMK-Decision-Scout helfen. Ebenso überlegt sich der Mutige idealerweise immer, wie sein Plan B aussieht.

Ohne dieses sorgfältige Abwägen ist es kein Mut, sondern Übermut oder Hochmut. Letzterer kommt bekanntlich vor dem Fall. Der Übermütige oder Hochmütige ist blind. Er hält sich für übermächtig, unverwundbar, zu allem fähig, natürlich auch zu allem berechtigt. Er ist der, der sich in seiner Bedeutung, in seiner Stellung, in seinen Möglichkeiten täuscht, der die Risiken nicht mehr abschätzt. Er ist nicht mutig, er ist furchtlos. Aber das ist etwas anderes.

Wenn die Prüfung des Mutigen positiv verlaufen ist, dann gehört ein kleiner Schubs dazu, als würde man auf dem Dreimeterbrett stehen und sagen: »*Und jetzt springe ich!*« Und dann springt man auch.

Den Mut zu springen bekommt man durch drei Optionen:

1. Sie haben einen guten Grund, es zu tun. Eine Idee, ein Projekt, ein Versprechen, das Sie jemandem gegeben haben, eine Verpflichtung, die Sie eingegangen sind.
2. Sie haben keinen triftigen Grund, aber Sie haben keine Alternative. Denn auf dem Dreimeterbrett stellen Sie fest, dass hinter Ihnen ein Bär steht und dass die Alternative, nicht zu springen, die dümmste ist. Also fassen Sie sich ein Herz und nehmen doch allen Mut zusammen und springen. Das ist dann ein logischer Grund, ein Mut, entsprungen aus der Wahl der besseren Option.
3. Sie haben die Möglichkeit, Mut zu trainieren. Das fängt an mit ganz kleinen Dingen, einfachen Mutproben, bei denen man hinterher sagt: »*Ich habe es geschafft. Vielleicht war es ein bisschen krass, aber irgendwie fühle ich mich gut dabei!*« Denn Mut wird mit Wohlbefinden belohnt. Zum Muttraining gehört immer die Überwindung der Trägheit, des inneren Schweinehunds, der Bedenken, der Sorgen, eben der Angst. Mut ist sozusagen ein Muskel, den man tatsächlich trainieren kann.

Ein Sprichwort besagt: »*Dem Mutigen gehört die Welt!*« Es ist kein Geheimnis, dass diejenigen, die mit Mut und Begeisterung, aus ihrer Kraft, Idee und ihrem Willen heraus agieren, größere Erfolgschancen haben, als diejenigen, die denken, dass nur ihr Name und ein bisschen Engagement den Erfolg ausmachen.

Wobei: Mut und Glaube gehören zusammen. Wie oft beginnen wir einen Satz mit *»Ich glaube …«* und meinen häufig damit: »*Ich weiß es nicht, aber ich nehme es an oder halte es für möglich.*« Sinnloser kann man das Verb »glauben« kaum gebrauchen. Denn der Glaube ist unsere stärkste Kraft, unsere Fähigkeit, geduldig und unbeirrbar an einer Vision festzuhalten, das Ergebnis vor dem inneren Auge zu sehen, lange bevor es sich in der äußeren Welt verwirklicht. Dazu bedarf es keines katechismus- oder konfessionsgebundenen Glaubens oder gar des Kirchgangs. Damit hat das nichts zu tun. Vielmehr geht es darum, Dinge, Entwicklungen für möglich zu halten. Glauben im Sinne von: »*Alles ist möglich!*«

Warum soll etwas unmöglich sein, wenn man gedankliche Begrenzungen wie »*das hat es noch nie gegeben*«, »*das kann nicht sein*«, »*das darf nicht sein*« aufhebt? Wenn man zumindest bereit ist, es für möglich zu halten, wenn man nicht vernagelt ist und sich öffnet, dann könnte es möglich sein. Es könnte funktionieren. Im Englischen würde man sagen: »*Give it the benefit of the doubt!*« Man setzt das, was als faktisch begrenzt betrachtet wird, in Klammern. Damit überschreibt man es und lässt zu, dass es – zumindest theoretisch – auch anders sein könnte. So denkt man groß. Und darauf kommt es an!

Wenn Sie sich selbst als nicht oder nur in geringem Maße mutig einschätzen, dann ist es nicht so, dass Ihre Seele den Mut einfach irgendwo hat liegen lassen. Man muss ihn nur wieder finden. Mut ist eine Grundstruktur allen Seins. Es gibt so etwas wie Mutlosigkeit nicht. Unmut dagegen ist etwas ganz anderes. Das ist Unzufriedenheit.

Der Mutige, der die Risiken kennt, der auch weiß, was Angst ist, weil er vor der mutigen Entscheidung viele angstvolle, schlaflose Nächte hatte, der hat einen weiteren Gewinn. Nicht nur, weil er das Leben in einer Weise meistert, die ihn stolz machen kann, weil er zum Vorbild für andere wird, sondern auch weil er viel mehr verändern kann als die Zaghaften. Und am Ende hat er sogar noch die Zufriedenheit auf seiner Seite.

Die Kraft

Für alles, was wir tun, benötigen wir natürlich Kraftstoff. Wie ein Auto. Um die nötige Kraft in sich zu haben, braucht es zunächst einen hochwertig ernährten, gut trainierten, gesunden Körper. Daher ist es von höchster Priorität, stets darauf zu achten, dass der Körper fit bleibt, um die erforderliche Leistung zu erbringen. Es hat keinen Sinn, sich kaputt zu arbeiten, sich zu überfordern, in ein Burn-out zu laufen. So verliert Ihr Körper die Kraft, Sie weiterhin energetisch gut durchs Leben zu tragen.

Die nächste Ebene ist, auf die innere Kraft zu achten. Also auf gute Nerven, auf Ablenkung, auf einen freien Kopf, auf Humor und auf ein gutes Team um sich herum. Deshalb darf man als Unternehmer oder Unternehmerin, als Führungskraft auch mal ein Wochenende nichts tun, in der Hängematte liegen und für niemanden erreichbar sein. Sie brauchen Ihre Kraftquellen, Ihre Kraftorte, ein Umfeld mit netten Menschen, guten Partnern, einer konstruktiven Familie, schöne Rückzugsorte, Bewegung, Hobbys, Aktivitäten und Situationen, die Sie auftanken lassen. Ohne das geht es nicht.

Natürlich kann man auch noch die geistige Ebene mit einbeziehen, denn die Kraft, etwas zu fügen, aus der Fülle zu schöpfen, ist allgegenwärtig. Es gibt von allem genug für jeden, der daran teilhaben will. Und das bedeutet tatsächlich, sich die Freiheit zu nehmen und zu sagen: *»Das habe ich verdient, das steht mir zu, das ist mein Recht, darauf kann ich zugreifen!«*

Sie kennen vielleicht den sogenannten Energieerhaltungssatz aus der Physik.[65] Er besagt, dass sich die Menge der Gesamtenergie eines abgeschlossenen Systems auch über die Zeit nicht ändert, sondern erhalten bleibt. Nimmt man den Energieerhaltungssatz ernst, so bedeutet das: Energie wird nirgendwo erzeugt und nirgendwo vernichtet. Sie wird nur umgewandelt. *»Woher kommt die Energie, also die Kraft?«*, ist daher die falsche Frage. Die Kraft, die Energie ist da – überall. Die Frage ist nur, ob man sie sich nimmt oder nicht. Das ist eine Frage der Entscheidung und nicht des Findens! Entscheiden Sie sich für die Kraft! Das heißt auf gut Deutsch: Ärmel hochkrempeln und anpacken, aufstehen und machen. Wer dagegen fragt, woher er die Kraft nehmen soll, sucht nur nach einer Ausrede. Er will sich davor drücken, sich die Kraft zu nehmen. Die Kraft ist in Ihnen, über Ihnen, um Sie herum. Sie steht Ihnen in dem Moment zur Verfügung, in dem Sie sich dafür entscheiden und sie in Anspruch nehmen. Aber solange Sie die Kraft nur suchen, werden Sie sie nie finden. Das ist ähnlich wie in der Türhüterlegende *»Vor dem Gesetz«*, die der Schriftsteller Franz Kafka (1883–1923) im Jahr 1915 veröffentlicht hat:

Ein Türhüter steht vor dem Gesetz. Da kommt ein Mann vom Lande zu ihm und bittet um Eintritt. Doch der wird ihm verwehrt. Der Mann wartet sein Leben lang auf Eintritt. Kurz vor seinem Tod fragt der Mann den Türhüter: »Alle streben doch nach dem Gesetz. Wieso kommt es, dass in den vielen Jahren niemand außer mir Einlass verlangt hat?« *Der Türhüter antwortet ihm:* »Hier konnte niemand sonst Einlaß *erhalten, denn dieser Eingang war nur für dich bestimmt. Ich gehe jetzt und schließe ihn.«*[66]

Nehmen Sie sich also die Kraft und wandeln Sie diese in eine Entscheidung und eine Handlung um. Die Kraft kommt erst mit der Entscheidung und in der Tat! Haben Sie keine Sorge, dass diese Kraft limitiert ist, wie das Guthaben auf einer Prepaid-Karte, von der man nur so viel abheben kann, wie darauf gespeichert ist.

Im Hinblick auf die Kraft ist die geistige Ebene genauso wichtig wie die körperliche und die psychosoziale bzw. mentale. Wenn Sie nur über den Mangel klagen und über alles, was es nicht gibt, was nicht funktioniert und was nicht geht, dann werden Sie keine Welt der Fülle vorfinden. Ihre Grundhaltung, ob Sie in einer Welt des Mangels oder in einer Welt der Fülle leben, ist mitentscheidend dafür, wie viel Kraft Sie überhaupt tanken können. Denn wer glaubt, der Treibstoff sei rationiert, kommt nicht weit.

Das Durchhaltevermögen

Durchhaltevermögen ist letztlich das Ergebnis von Mut und Kraft zusammen. Es entsteht, wenn man den Mut hat, zu sagen:

> *»Ich bin so frei. Ich leiste und gönne mir den Mut, um durchzuhalten, nicht weil ich muss, sondern, weil ich will, weil ich das für mich beschlossen habe. Ich lasse mich nicht unterkriegen, ich lasse mich nicht entmutigen, ich werde es irgendwann schaffen, egal, wie lange es dauert oder wie schwierig der Weg ist.«*

Zum Entscheiden gehört Mut. Und zum Handeln gehört Kraft und zur Ausdauer das Durchhaltevermögen. Sie können es auch Beharrlichkeit, Zähigkeit, Tragfähigkeit, Selbstdisziplin nennen. Die beste Entscheidung, der größte Mut und die größte Kraft nützen nichts, wenn man am Ende nicht durchhält. Das Durchhaltevermögen ist der Keilriemen, der Ihre Wünsche, Ihren Mut, Ihre Entscheidungen antreibt, um Dinge zu bewegen, umzusetzen.

Wenn man Durchhaltevermögen hat, dann braucht man nur eine Antwort auf die Fragen: *»Was und wohin will ich? Warum tue ich es?«*

Schwierigkeiten sind dann nichts anderes als eine Möglichkeit, sich selbst auf den Prüfstand zu stellen. Denn das Leben fragt einen: *»Wollen Sie das wirklich? Ist es Ihnen tatsächlich ernst?«* Klar, wenn es leicht geht, will jeder immer alles. Aber das ist irrelevant. Die zentrale Frage ist: *»Was machen Sie, wenn Schwierigkeiten auftauchen?«* Sagen Sie dann: *»Ach nein, so wichtig ist es mir doch nicht. Jetzt will ich es doch nicht mehr?«* Oder sagen Sie: *»Das ist mir ganz egal, es gibt zwar Schwierigkeiten, aber jetzt will ich es erst recht!«*

Und die weitere Frage ist dann: *»Kann ich das auch, im Sinne von: Habe ich die Kraft, habe ich den Mut, habe ich das entsprechende Team um mich herum?«* Wenn man das positiv beantworten kann, dann hat man am Ende sein Durchhaltevermögen.

Es sind Mut und Kraft, die einen Synergieeffekt erzeugen und aus denen das Durchhaltevermögen entsteht. Als wäre die Kraft der Vater, der Mut die Mutter und das Kind das Durchhaltevermögen.

Steve Jobs (1955–2011), Gründer von Apple Inc., war einer von denen, die die Welt wirklich inspiriert haben und wussten, was sie taten. Er hatte diese Mischung aus Genialität, Fleiß, ungeheurem Mut und Durchhaltevermögen und das Zutrauen in seine Ideen, das Vertrauen in sich selbst und daran, dass alles möglich ist. Das zeigt auch das folgende Zitat von Steve Jobs aus dem Jahr 1995:

> *»Ich bin mir sicher, dass Durchhaltevermögen die Hälfte des Unterschieds zwischen erfolgreichen und nicht erfolgreichen Unternehmern ausmacht.«*[67]

Steve Jobs war ein bekennender Buddhist. Als Mensch hat ihn wohl am meisten geprägt, dass er 2004 an Bauchspeicheldrüsenkrebs erkrankt ist. Die Ärzte gaben ihm nur noch wenige Monate zu leben. Eine glückliche Wendung brachte eine Lebertransplantation, die sein Leben um sieben Jahre verlängerte. Insofern ist seine berühmte Rede an der Stanford University vom 12. Juni 2005 wohl eines seiner wichtigsten Vermächtnisse. Hier eine ausgewählte Passage:

> *»… wenn Sie in die Zukunft blicken, können Sie nicht erkennen, wo Zusammenhänge bestehen. Das wird erst in der Rückschau möglich. Das heißt, Sie müssen darauf vertrauen, dass sich die einzelnen*

Mosaiksteinchen in Ihrer Zukunft zu einem Gesamtbild zusammenfügen. Sie müssen auf etwas vertrauen – auf Ihr Bauchgefühl, Schicksal, das Leben, Ihr Karma, egal was. Denn der Glaube daran, dass sich irgendwann die einzelnen Mosaiksteinchen zusammenfügen werden, gibt Ihnen die Zuversicht, dem Ruf Ihres Herzens zu folgen. Auch wenn der Sie abseits der ausgetretenen Wege führt – aber das macht den Unterschied. Dieser Ansatz hat mich nie im Stich gelassen, und er hat den ausschlaggebenden Unterschied in meinem Leben gemacht.«[68]

6. Schwierigkeiten? Her damit!

Wer wagt, gewinnt. Meistens. Aber man kann auch verlieren. Aus Siegen lernt man wenig – wenn überhaupt. Aber aus Schwierigkeiten oder Misserfolgen lernt man immer, jedenfalls wenn man sich nicht in die Opferrolle flüchtet. Letztlich kann ein Misserfolg, ein Fehlschlag, ein Scheitern eine Lektion sein, die den späteren Erfolg umso besser, absichernder, größer und strahlender macht. Und mit etwas Demut gewinnt man sogar an Weisheit.

Changieren zwischen Erfolg und Misserfolg

Das Changieren zwischen Erfolg und Misserfolg, das Umgehen mit Schwierigkeiten gehört zu jedem Leben und ganz besonders zu dem des Unternehmers. Zudem ist der Unternehmer ein öffentliches Objekt der allgemeinen Beobachtung, weil er Mitarbeitende hat. Er agiert transparent wie auf einer Bühne, wie ein Schauspieler. Nur schlüpft ein Schauspieler für das Publikum bloß für kurze Zeit in eine fremde Rolle. Der Unternehmer hingegen kann nicht so einfach aus seiner Rolle aussteigen. Er trägt in der Regel langfristig eine große Verantwortung. Und je exponierter oder größer sein Unternehmen ist, desto sichtbarer, spannender und herausfordernder wird dieser Aspekt, weil sich das Ganze nicht mehr regional, im kleinen Dorf abspielt, sondern vielleicht sogar vor den Augen der Welt.

Ein Unternehmer muss es daher aushalten,

- dass er beobachtet und beurteilt wird,
- dass er Vorurteilen und Pauschalurteilen ausgesetzt ist,
- dass man gegebenenfalls schnell den Stab über ihn bricht,
- dass man ihm an einem Tag *»Hosianna«* zuruft und am nächsten *»kreuzigt ihn«*,

- dass ihm Neid, Feindseligkeit und Schadenfreude entgegenschlagen,
- und vieles mehr …

Schwierigkeiten sind immer nur vorübergehend

Objektiv betrachtet bleiben Schwierigkeiten und Fehlschläge in keinem Leben aus. Es mag sein, dass manche Jungunternehmer, deren Weg erst zwei, drei, jedenfalls noch keine sieben Jahre dauert, noch einigermaßen ohne harte Rückschläge auskommen. Aber wenn der Weg 10, 20 oder 40 Jahre dauert, dann ist es relativ unwahrscheinlich, dass ein Unternehmer oder eine Unternehmerin sagt: *»Ich blicke auf ein Leben zurück, in dem ich nie gescheitert bin, in dem ich mir nie eine blutige Nase geholt habe.«*

Die gute Nachricht ist, dass sich Schwierigkeiten im Prinzip immer als vorübergehend erweisen. Als dumm gelaufen, als *»C'est la vie«* – *»So ist das Leben!«*. Und wenn man standhaft bleibt, seine Würde bewahrt und sich nicht selbst in den Rücken fällt, wird man am Ende enorm an Fehlschlägen wachsen. Standhaft, überzeugt, selbstbewusst, demütig und großmütig zu bleiben, das macht Ihre Resilienz aus! Jene, die Rückschläge meistern, können sogar zum Vorbild werden. Wann das der Fall ist? Wenn sie zeigen, dass selbst dann, wenn es einmal kräftig schiefgeht, sie das wieder geflickt, geheilt, hingebogen bekommen oder gar wie der Phönix aus der Asche emporsteigen. Sie sind dann nicht nur Schönwetterwesen, die sagen: *»Na, wenn alles gut läuft, dann ist alles prima. Aber wenn es Schwierigkeiten gibt, dann bin ich mal weg!«* Stattdessen können sie sagen: *»Das werden wir ja sehen. Alles wird gut! Wer zuletzt lacht, lacht am besten!«*

Scheitern, Fehlschläge, Rückschläge und Misserfolge sind wie Blätter, die zu Boden fallen, um im natürlichen Kreislauf wieder wertvollen Humus für die Zukunft zu bilden. Aber wenn man den Bäumen nicht erlaubt, Blätter zu haben, weil sie abfallen können, hat man bald keine fruchtbare Erde mehr. Und dann wird es in Zukunft keine Bäume des Erfolges mehr geben. Oder wie es in der Bibel so treffend heißt: *»Wenn das Weizenkorn nicht in die Erde fällt und erstirbt, bleibt es allein; wenn es aber erstirbt, bringt es viel Frucht.«*[69]

Samuel Smiles (1812–1904), britischer Buchautor, Arzt, Journalist und Regierungsreformer, trifft mit seinem Zitat den Nagel auf den Kopf:

»Es ist ein Irrtum anzunehmen, dass Menschen durch Erfolg erfolgreich sind; sie sind viel häufiger durch Misserfolge erfolgreich. Gebote, Studien, Ratschläge und Beispiele hätten sie niemals so gut lehren können, wie es Misserfolge getan haben.«[70]

Der Umgang mit Schwierigkeiten

Hier zumindest drei der wichtigsten Empfehlungen, um als Unternehmer oder Unternehmerin, Schwierigkeiten und Krisen gut zu meistern:

Kampfbereitschaft

Was andere wollen und mit einem zu machen versuchen, ist deren Sache. Aber es ist eine völlig andere, was man mit sich machen lässt! Das mündet in eine Abwehr- oder sogar Kampfbereitschaft. Das ist wie beim Überlebensinstinkt jedes Lebewesens. Und dazu gehört, dass man in Ausnahmesituationen, in Notsituationen, in akuten Katastrophensituationen in den Krisenmodus schaltet und geeignete Maßnahmen ergreift, um sein Überleben zu sichern. Den anderen in die Flucht zu schlagen, den anderen zu bedrohen, den anderen anzugreifen oder zumindest sich zu verteidigen, sich zu sichern, sich zu schützen: Alles, was man im Tierreich findet, findet man auch beim Menschen. Es ist daher normal und natürlich, es gehört zu den Spielregeln der Resilienz. Kampfbereitschaft ist immer dann zulässig, moralisch und ethisch vertretbar, wenn sie

1. verhältnismäßig ist und
2. ausschließlich der Selbstverteidigung und der Sicherung des eigenen Überlebens dient. Das heißt: Es geht um das eigene, erfolgreiche Überleben als Mensch, als Unternehmer oder Unternehmerin und auch um das Ihrer Familie, Ihrer Unternehmensfamilie, also Ihres Teams.

Niemand kann von jemandem verlangen, tatenlos zuzusehen, wie er und die Seinen sang- und klanglos untergehen. Aber Kämpfen ist kein Selbstzweck und darf es auch nicht werden. Wenn man Spaß am Kämpfen hat, weil man gerne Blut sieht und sich daran erfreut, andere fallen zu sehen, hat das nichts mehr mit Notwehr, Selbstverteidigung, Überlebenswillen und Überlebensrecht zu tun. Das wäre nur noch Lust am Zerstören, am Töten. Hier ist die Verhältnismäßigkeit der Mittel nicht mehr gewahrt.

Wer nicht gerne kämpft, obwohl es notwendig ist, kann das natürlich auch delegieren, zum Beispiel an einen guten Anwalt oder Krisenmanager, an jemanden mit dicker Haut, den das nicht nervt und stresst, weil es sein Metier ist.

Ich bin reinen Gewissens

»Ein reines Gewissen ist ein sanftes Ruhekissen.« Ich verhalte mich so, dass ich immer noch in den Spiegel schauen und gut schlafen kann. Die Würde des Menschen ist unantastbar: Das heißt auch, die Würde meiner Gegner ist unantastbar. Selbst bei noch so geschicktem und klugem Handeln muss die Würde des härtesten Gegners gewahrt bleiben! Das kennen wir aus der fernöstlichen Kultur als *»das Gesicht wahren lassen«*. Man kann den Gegner im Überlebenskampf vielleicht seines Vermögens berauben, aber nicht auch noch seines Gesichts. Auch dann nicht, wenn der Gegner sich wie ein »Schwein« verhalten hat und die Versuchung groß ist, ihn fertigzumachen. Selbst wenn es möglich wäre, tun Sie es nicht! Das geht gegen die Würde des Menschen. Wahren Sie das Gesicht des anderen, wahren Sie Ihre und seine Würde. Das bringt Ihnen später Vorteile. Denn Sie schaffen sich große Feinde, wenn Sie den anderen »fertigmachen«. Jemanden fertigmachen heißt nämlich nur eines: Jemanden in seiner Würde verletzen! Wenn man jemandem die Würde nimmt, kann er leicht zum Todfeind werden.

Außerdem: Helfen Sie jedem, der Sie um Hilfe bittet; sprechen Sie gut über jeden, über den Sie gut sprechen können; loben Sie jeden, den Sie loben können. Aber schweigen Sie über jeden, über den Sie nicht gut sprechen können. Alles andere ist ein absolutes No-Go, denn es wird Ihnen irgendwann auf den Kopf fallen. Natürlich gibt es Menschen, die man nicht mag. Trotzdem gilt das denkbar strengste Verbot: Sprich nicht schlecht über andere! Das gilt für alles und überall, ob mündlich oder schriftlich, auch in den modernen Medien oder digitalen Foren. Das ist die wichtigste, eigentlich einfachste, aber oft schwierigste Spielregel im Geschäftsleben, die Sie sich unbedingt zu Herzen nehmen sollten! Denn diese Spielregel zu brechen, ist der Garant für Misserfolg!

Und noch etwas: Fehler macht jeder. Ein Hauch von Selbstkritik, das Reflektieren, wo man ungeschickt war oder nicht genau hingesehen oder möglicherweise Dinge verdrängt hat, ist stets angebracht. Aber es ist etwas ganz anderes, bewusst »*linke Dinge zu drehen*«, sich an »Machenschaften« zu beteiligen, dabei die Schädigung anderer billigend in Kauf zu nehmen oder gar nach dem Motto zu verfahren: »*Der Zweck heiligt alle Mittel, egal, wer dabei zu Schaden kommt, ich gehe im Zweifelsfall über Leichen, wenn es mir zum Vorteil gereicht!*«

All dies nicht zu tun, die roten Linien nicht zu übertreten, verschafft Ihnen ein reines Gewissen, lässt Sie gut schlafen, aus einer Position der Stärke handeln. Denken Sie daran: Auch wenn Sie es heute noch locker sehen, gelegentlich eine rote Linie zu überschreiten, eines Tages wird es Sie einholen. Denn Loyalitäten, Situationen, Machtverhältnisse oder Stimmungen ändern und drehen sich immer wieder im Lauf des Lebens. Nur kann man das Rad der Zeit nicht mehr zurückdrehen. Und ein schwer beladenes Gewissen wird zu einer tonnenschweren Last, die man nicht mehr loswird. Mit einem derartigen Mühlstein um den Hals wird Erfolg nur schwer wie Blei zu erzielen und langfristig zu halten sein.

Krisenfestigkeit

Die Krisenfestigkeit ist eine Art von psychischer Fitness. Als erster und grundlegender Baustein ist sie am besten durch körperliche Fitness zu erreichen. Spätestens mit 45 oder 50 Jahren merken wir schon eine kleine körperliche Schwächung, erste kleine Krisen, erst recht, wenn wir zu wenig Bewegung haben, untrainiert sind. Mit den Jahren wird alles unflexibler, langsamer, anfälliger, eingeschränkter.

Fitness bedeutet, dass der richtig ausgeschlafene, gut durchblutete, ausreichend mit Sauerstoff versorgte, gesund ernährte und muskulär vernünftig trainierte Mensch die psychische Dimension von Krisen viel leichter verkraftet als der unausgeschlafene, schlecht ernährte, kranke, schmerzgeplagte oder sonst wie belastete Mensch. Deshalb sind körperliche Fitness, Wohlbefinden und Gesundheit für einen erfolgreichen Unternehmer, eine erfolgreiche Unternehmerin von grundlegender Bedeutung! Und das erfordert zwangsläufig einen guten Teil der Lebenszeit bzw. der täglichen Arbeitszeit für Bewegung und Sport aufzuwenden. Diese Zeit ist langfristig eine gute Investition.

Für Unternehmer und Unternehmerinnen ist es ratsam, sich viel in der Natur zu betätigen. Denn die Natur ist ein Ersatz, der immer da ist, wenn der Mensch ausfällt. Und als Unternehmerin oder Unternehmer sollte man davon ausgehen, dass man auf seiner Heldenreise zumindest phasenweise Freunde und Vertraute verlieren wird.

Der zweite, grundlegende Baustein der Krisenfestigkeit betrifft den Umgang mit der Krise im Kopf, auf der psychischen Ebene. Krisenfestigkeit auf dieser Ebene entsteht durch ganz bestimmte Grundwerte. Sie sichern den sumpfigen Krisenweg wie Pfeiler ab, sodass man sich im Krisenfall sagen kann:

> *»Hier geht vielleicht gerade alles im Hochwasser unter oder hier versumpft gerade alles, aber ich bin gewappnet, weil ich mir ein paar feste Verankerungen in das System eingebaut habe.«*

Und dazu sollte man sich ein paar Werten verschreiben, festen Prinzipien, die nicht umgangen werden. Eigentlich reichen zwei oder drei, idealer wären jedoch etwas mehr. In der Theorie ist das einfach gemacht, aber mit der Disziplin, sich auch strikt daran zu halten, ist es viel schwieriger. Auf jeden Fall sollte der wichtigste Grundwert nicht fehlen, nämlich: *»Die Würde des Menschen ist unantastbar, und das gilt auch für die Würde meines Feindes.«* Das allein wäre schon großartig. Ebenso das Grundprinzip der Nachhaltigkeit im Hinblick auf die Nutzung von Ressourcen und die Belastung unserer Umwelt: *»So viel wie nötig und so wenig wie möglich!«*

Aber man kann noch weitere Werte für sich definieren, indem man zum Beispiel sagt: *»Gebt dem König, was des Königs ist!«* Das heißt: *»Ich werde das Finanzamt nicht hintergehen.«* Oder Sie entscheiden: *»Ich werde nichts Unwürdiges auf Kosten der Umwelt, der Flora oder Fauna tun!«*

Das Wichtigste ist: Wenn Sie etwas zu Ihrem Wert und Prinzip erhoben haben, dann bleiben Sie bitte dabei! Fallen Sie nicht bei der ersten Gelegenheit wieder um. Bleiben Sie standhaft bei Ihren Grundsätzen,

Werten und Prinzipien – egal was kommt. Sonst sind es nur lauwarme Absichtserklärungen ohne belastbaren Wert, was man heute so vielen Politikern zu Recht vorwirft.

Ihre Grundhaltungen, die Sie ausmachen und die Ihnen wichtig sind, sind zugleich Ihre sicheren Verankerungen in der Krise, an denen Sie sich festhalten, sich orientieren und die Sie auch nach außen tragen und damit zu Ihrem Markenzeichen machen können. Denken Sie daran: In Krisenzeiten, wenn vieles unsicher wird und wackelt, ist für die Menschen immer derjenige am attraktivsten, der sicher steht! Natürlich können Sie sagen: »*Dann stehe ich im Ernstfall mit meinen Werten allein im Regen!*« Aber Sie behalten immer Ihre Würde – und das ist die beste Basis für die Zukunft. Sie könnten aber auch aussteigen und sagen: »*Nein, danke! Das war's jetzt mit meinen Werten. Ich gebe lieber nach, ›lieber rot als tot‹!*« Aber dann gilt man nicht als sehr krisenfest, sondern als Opportunist, als Wendehals, als Mitläufer. Dann ist man in der Krise untergegangen oder vielleicht sogar geflohen. Das können Sie machen, wie Sie wollen. Es steht Ihnen frei, aber das ist nicht das, was mit Krisenfestigkeit gemeint ist. Denn krisenfest heißt Werte-entschieden, Werte-stabil und Werte-sicher sein!

Und damit sind wir bei der dritten, elementaren Grundvoraussetzung für Krisenfestigkeit, die die Klammer um alles ist, nämlich der eigene Wille. Es braucht eine Klärung der Frage: »*Was will ich wirklich und was nicht?*« Das ist wie bei der Entscheidung für eine Ehe oder eine Partnerschaft. Nur eine gründliche Reflexion wird es ermöglichen, ein klares Bekenntnis, ein »*Ja, ich will …*« zu seinem Wertekanon abzulegen, dabei zu bleiben, ihn zu tragen. Sonst gleicht es einem Neujahrsvorsatz oder einer Diät, die man am Ende doch nicht durchhält.

Kapitel III

Erfolgreich ohne Herzinfarkt

Im dritten Kapitel geht es vor allem um die vielfältigen
Fragen rund um Erfolg und Glück, deren Hintergründe
und Zusammenhänge. Ebenso um die Frage, wie man
erfolgreich wird und wie man langfristig erfolgreich bleibt.
Überdies nehmen wir unter die Lupe, wie sinnvoll es für
Unternehmer und Unternehmerinnen ist, sich vorrangig
an der Vernunft zu orientieren, und wie der erfolgreiche
Umgang mit Geld funktioniert.

1. Erfolg: Alles nur Glück?

Unter Erfolg versteht man im Allgemeinen das positive Ergebnis einer Anstrengung oder wenn wir Menschen, einzeln oder in der Gruppe, selbst gesteckte Ziele erreichen oder sogar einen Durchbruch erzielen. Der Gegenbegriff ist Misserfolg oder Scheitern, was bedeutet, dass etwas misslungen ist, das angestrebte Ziel also definitiv nicht erreicht wurde. Aber Sie ahnen es schon: Mit dieser Sichtweise geben wir uns nicht zufrieden, denn sie greift zu kurz.

Erfolgsverständnis der Kulturen

Das Thema Erfolg und Misserfolg wird je nach Kultur prinzipiell unterschiedlich betrachtet. Zum Beispiel ist das Grundverständnis seit der Gründung der USA *»God's own country«* und damit das Paradies zu sein, und so war es auch mit den Einwanderern. Amerika war stets die große Hoffnung auf *»Alles ist möglich!«*, auf Reichtum und Glück, auf das Paradies. Etwas davon sehen wir immer noch. Wie dieses *»New York, New York«*, die großen Stars, das globale Hightech-Center Silicon Valley, da ist grenzenlose Freiheit.

Ein Scheitern gibt es in Amerika natürlich auch. Aber es wird nicht so verstanden wie in Europa, sondern als Missgeschick, als Pech: *»Shit Happens!«* Dann hat man dummerweise mal einen sauren Apfel erwischt. Der war noch nicht reif, aber der nächste Apfel, der ist dann wieder reif. Immerhin hat man dabei etwas dazugelernt.

Für Europa ist Scheitern wie eine Verurteilung, nämlich *»Daumen runter!«* – römisch sozusagen. Das ist die Urform der europäischen Variante von Erfolg und Misserfolg. Daraus hat sich in manchen Gesellschaften eine Unkultur des Scheiterns entwickelt: Scheitern ist leider vielerorts noch immer ein Stigma, ein Tabu. Da spielt auch die Psychologie mit: Ein Gescheiterter gilt – zumindest in unseren Breitengraden – nicht als Vorbild. Er passt nicht ins Schema. Es ist wie in der Werbung: Dort sind, obwohl das mit der Realität wenig zu tun hat, alle schlank, jung, schön, erfolgreich, reich, rundum glücklich und zufrieden, managen ihren Multitasking-Haushalt mit links und ihre Karriere sowieso und sehen dabei auch noch glänzend aus. Aber ohne ein Hinfallen, Scheitern und Wiederaufstehen, ein Lernen aus Fehlschlägen, wäre die Entwicklung und Lernkurve überall eine armselige.

In Indien sieht das etwas anders aus. Dort herrscht die strenge, religiös begründete Hierarchie des Kastensystems. Die Kasten sind an die Geburt gebunden. Obwohl laut indischer Verfassung niemand diskriminiert werden darf, gibt es keine Durchlässigkeit zwischen den verschiedenen Kasten. Ein Aufstieg von der untersten in die oberste Kaste ist kaum denkbar. Die Ausnahmen dafür in der Unternehmerwelt sind rar.

Was ist Erfolg wirklich?

Erfolg ist zunächst einmal, wenn man für sich selbst das Gefühl hat: *»Ich habe alles richtig gemacht. Ich schaue mit Genugtuung auf mich selbst, und mein engstes, vielleicht familiäres und direktes Umfeld tut das auch!«* Als Zweites benötigt man die Bestätigung von mindestens dem Teil der Welt, der einem auch wichtig ist, der das Gleiche sagt: *»Ja, Sie sind erfolgreich, weil Sie alles richtig machen!«* Sie können also sagen:

> *»Ich bin akzeptiert und respektiert. Mein Erfolg wird anerkannt. Ich habe ein Stück Lebenszeit und Lebensraum sozusagen in mein persönliches Paradies verwandelt. Es fühlt sich gut an, dort zu sein. Alles glänzt und strahlt. Es ist gelungen. Ich bin ein glücklicher Mensch und fühle mich angenommen und wohl in meinem Umfeld!«*

Das wäre die ideale, eher allgemeine Definition von Erfolg. Dazu kommen meist noch weitere ganz persönliche Facetten für das eigene Erfolgsverständnis. Für viele spielt allerdings auch der materielle Erfolg, Geld und Vermögen, eine wichtige Rolle. Ist das bei Ihnen ebenfalls so? Dann sollte das Thema Geld auch Ihr vordringliches sein. Verfolgen Sie jedoch ein anderes primäres Ziel und sagen: *»Erfolg ist für mich, wenn ich dieses oder jenes Herzensanliegen verwirklichen kann«?* Oder wollen Sie wie Steve Jobs »*eine Kerbe im Universum hinterlassen*«[71]? Dann ist dies Ihr vordringliches Thema. Wie viel Geld Sie damit verdienen, ist in diesem Fall zweitrangig. Vielleicht sagen Sie auch: »*Erfolg ist für mich, das Unternehmen meines Vaters gut weiterzuführen. Mein Ziel ist, dass ich die Mitarbeitenden bezahlen kann, selbst noch genug Einkommen davon habe und das Unternehmen noch weiter wächst!*« Dann wird das zu Ihrem vordringlichen Thema. Ob Sie damit als großer Held in die Geschichte eingehen oder nicht, kann Ihnen egal sein. Hauptsache, Sie haben das elterliche Unternehmen erfolgreich weitergebracht und dessen Zukunft gesichert.

Erfolg ist also in erster Linie eine Grundbefindlichkeit. Ein innerer Zustand des Gefühls von Stimmigkeit, des Gefühls des Angenommenseins, des Gefühls, in einem Umfeld und mit einem Inhalt, mit dem man sich gerne beschäftigt, gut positioniert zu sein.

Erfolg ist hochpersönlich, nicht übertragbar

Erfolg gelingt nur, wenn dieses Füllwort mit der persönlichen Perspektive angereichert wird, wenn klar ist, dass man nicht irgendjemandem oder irgendetwas hinterherläuft, weil das im Moment alle wie die Lemminge tun. Da Erfolg immer persönlicher Erfolg ist, ist er auch nicht übertragbar – jedenfalls nicht auf Dauer. Das heißt: Ein anderer kann Ihr Unternehmen schnell kaputt machen. Wenn nach jemandem, der eine starke Erfolgssubstanz hinterlässt, nicht wieder jemand kommt, der mit persönlichem Erfolgswillen und ebensolchem Talent voll dahintersteht, kann man das Unternehmen nicht auf Dauer so erfolgreich weiterführen. Ein erfolgreicher Mensch schreibt seine persönliche Geschichte und keine allgemeine.

Der unsichtbare Erfolg

Die meisten denken, Erfolg komme von außen – als Anerkennung und Bestätigung unseres Tuns durch unser Umfeld. Was aber, wenn der äußere Erfolg ausbleibt? Haben wir dann alles falsch gemacht? Nicht unbedingt! Es ist bereits ein entscheidender Erfolg, wenn wir uns auf der Basis unseres Wertekanons für den richtigen Weg entscheiden, ihn gehen und dabei bleiben. Egal, ob der Rest der Welt das jetzt, später oder gar nicht erkennt. Erfolg ist also die Grundhaltung, aus der heraus wir handeln. Daher gibt es auch den Erfolg in der Bescheidenheit. Erfolg findet sogar überwiegend nicht im Rampenlicht statt. Für andere ist er weitgehend unsichtbar. Diese Erkenntnis würde vielen Menschen einen immensen Druck von den Schultern nehmen. Überdies gibt man dem Erfolg dadurch mehr Raum, weil er sich unbelastet und viel ungezwungener entfalten kann.

Vom Erfolgsweg abgekommen?

Wenn Sie für sich das Gefühl entwickeln: *»Oh, hier läuft etwas schief. Ich schaffe das nicht mehr. Diese Welt ist nicht mehr meine!«*, ist der Anfang des Scheiterns schon gelegt. Dann sind Sie aus dem inneren Zustand des Erfolgreichen herausgefallen. Achten Sie frühzeitig auf solche Anzeichen, um gegenzusteuern. Zum Beispiel, wenn:

- Sie anfangen zu viele Wenns und Abers und Vorbehalte aufzubauen,
- das Wort »eigentlich« überhandnimmt: *»… es ist zwar dies und das, aber eigentlich …«*,
- Sie das Wörtchen »zu« häufig nutzen: *»Es ist zu viel, zu früh, zu spät, zu heftig, zu hart …«*,
- das Wort »muss« oder »müssen« immer häufiger in Ihrem Sprachgebrauch Einzug hält.

Macht nur Glück den Erfolg?

Es wird oft behauptet, dass Erfolg vor allem mit Glück zu tun hat. Ein bekanntes Beispiel hierfür stammt vom libanesisch-amerikanischen Essayisten und ehemaligen Finanzmathematiker Nassim Nicholas Taleb (geb. 1960). Er hat es in seinem Bestseller *»Der Schwarze Schwan«* veröffentlicht. Hier schreibt Nassim Nicholas Taleb, dass ein wesentlicher Punkt, der erfolgreiche von weniger erfolgreichen Managern unterscheiden würde, das Glück sei.[72]

Ich halte die Vorstellung, dass Erfolg reine Glückssache ist, für sehr gewagt. Denn das heißt: Der Erfolg war nur Zufall, nur Glück. Und bei Misserfolg? Na, dann hat man eben Pech gehabt! Das kann man so sehen, aber das ist ziemlich fadenscheinig. In meinen Augen ist das nichts anderes als der Versuch, Unternehmer, Manager und Gründer aus der Verantwortung zu nehmen. Nach dem Motto:

>*Mach einfach, was du denkst. Du brauchst keinen Plan, keine Strategie, kein Wissen, kein Engagement. Egal, was du tust, ob du Erfolg hast oder nicht, du kannst nichts dafür, weil du entweder Glück oder Pech hast!*«

Das bringt niemanden auch nur einen Schritt weiter. Wenn ich für nichts verantwortlich bin, an nichts schuld bin und mir nichts helfen kann, dann ist das Leben eine Lotterie, bei der ich mal Pech und mal Glück habe. Doch so ist alles beliebig und sinnlos.

Ja, es gibt einen Glücksfaktor. Dann sprechen wir von einer glücklichen Fügung, einem glücklichen Zufall. Aber es gibt auch innere Kräfte, durch die vorgeprägt wird, was sich später im Außen als glückliche Fügung zeigt. Wir haben das schon im Hinblick auf die »selbsterfüllende Prophezeiung« angesprochen. Das heißt: Unsere Gedanken, unsere inneren Bilder prägen letztlich die Realität mit. Deshalb ist vieles, was zum Erfolg führt, eine innere Arbeit. Die Arbeit an klaren Vorstellungen, an Beständigkeit, an der Fähigkeit, zu sich selbst, zu seinen Werten und Erkenntnissen zu stehen. Mutig, selbstbewusst und entscheidungsfreudig zu sein oder Durchhaltevermögen zu haben und noch vieles mehr. Diese innere Haltung entscheidet sehr stark über den äußeren Erfolg oder Misserfolg. Mit Glück hat das nichts zu tun. Denn sonst wäre der Erfolg nicht mehr gerechtfertigt. Dann wäre der Begriff Erfolg sinnentleert. Wenn man sagt: »*Erfolg ist nur Zufall, also Glück. Er kann durch nichts begründet oder erklärt werden. Der Erfolg fällt einfach auf den Boden, wo er will!*«, kann man den Begriff Erfolg eliminieren. Es gibt dann keine erfolgreichen und erfolglosen Unternehmerinnen und Unternehmer. Dann sind das alles Glücksspieler – und der eine hat Glück und der andere hat eben Pech.

Was wäre, wenn alle Menschen das Gefühl hätten, dass Erfolg immer nur Glück wäre? Dann würde sich keine Leistung lohnen, keine Strategie, keine Anstrengung. Wir könnten nur warten und hoffen, dass das Glück eines Tages auch vor unserer Tür steht. Mit welcher Anstrengung oder Strategie ich einen Großauftrag an Land ziehe oder einen Partner oder eine Partnerin finde, ist egal, weil ich entweder Glück oder Pech habe. Doch so funktioniert die Welt nicht!

Das Glücks-Navi

Das wahre Problem mit dem Glück ist, dass viele Menschen nicht ausreichend glücksfähig sind. Sie schauen nicht hin, sind zu wenig offen dafür. Dabei ist Glück immer da. Das ist wie mit den Signalen der GPS-Satelliten, die ständig da sind. Aber wer sie nicht wahrnehmen will oder kann, wer keinen Empfänger dafür hat oder sich im Funkschatten aufhält, für den herrscht Funkstille. Dessen Navi kann ihm nicht den Weg weisen. Und so ist es auch mit dem Glück.

Das Glück ist kein Blitz vom Himmel oder ein seltener Gast. Es ist so reichlich vorhanden, wie die Luft um uns herum. Jeder ist ein Glückskind, auch Sie! Wenn es Ihnen bislang an Glück mangelt, dann sind Sie wahrscheinlich nicht glücksfähig genug. Wie Sie das ändern können? Arbeiten Sie ab sofort daran, so wenig unglücksfähig wie nur möglich zu sein. Sicher kennen Sie auch Menschen, denen es objektiv betrachtet ziemlich gut geht. Aber wenn man sie hört, dann sind sie nur am Jammern und am Klagen. Es gibt Leute, die freuen sich über ihr Unglück. Manche versinken sogar im Selbstmitleid. Das alles ist eine große Unglücksfähigkeit und mindert die Glücksfähigkeit massiv. Denn so beschäftigt man sich mit den falschen Themen, schaut sozusagen in die falsche Richtung, umgibt sich mit der denkbar schlechtesten Luft.

Da hilft nur eines: Mit eiserner Disziplin dafür sorgen, dass das Jammern ein für alle Mal aufhört, dass die Luft sich ändert. Jetzt. Damit Sie glücksfähig werden und den Sand aus dem Getriebe bekommen. Denn das lateinische Sprichwort *»Fortes fortuna adiuvat«* – *»Das Glück ist in den Mutigen, Tüchtigen vernarrt«* hat seine Berechtigung.[73] Ebenso der folgende Ausspruch von Louis Pasteur (1822–1895): *»Der Zufall begünstigt den vorbereiteten Geist.«*[74]

2. Warum erfolgreich sein doch ein Geheimnis ist

Erfolg wird immer ein Geheimnis sein und bleiben. Denn letztlich hängt er vor allem von der Antwort auf die zentrale Frage ab: Wer entscheidet über den Erfolg? Diejenigen, um die es geht? Oder diejenigen, die später auf die Geschichte derjenigen zurückblicken, um die es geht? Hat zum Beispiel Steve Jobs sich selbst und sein Leben als gelungen empfunden? Oder ist es der Nachwelt vorbehalten zu sagen: »*Wenn wir auf das Leben, Schaffen und Wirken von Steve Jobs blicken, dann schauen wir auf einen der genialsten Innovatoren und Unternehmer, die es je gegeben hat. Was er als Vorreiter alles an Hightech-Produkten erdacht und in die Welt gesetzt hat, war einzigartig. Deswegen halten wir ihn für genial, großartig, sehr erfolgreich!*« Oder zählen andere Bewertungen, die Steve Jobs als Tyrannen einstufen?[75]

Die Frage ist also: Wie wollen Sie sich selbst sehen? Was ist für Sie Erfolg? Am einfachsten finden Sie das heraus, wenn Sie *Erfolg* oder *erfolgreich sein* als Platzhalter, als Füllwort betrachten. Was würden Sie stattdessen darunter verstehen? Wie würden Sie es umschreiben? Sie könnten zum Beispiel sagen:

- »*Ich möchte berühmt oder bekannt sein.*«
- »*Ich möchte die Umwelt schützen und die Natur retten.*«
- »*Ich möchte erfinderisch sein und am Ende meines Lebens zehn Patente angemeldet haben. Wie ich wohne, ob ich einen Porsche fahre oder nicht, ist mir egal.*«

Was wollen Sie also konkret? Wie definieren Sie Erfolg? Die Antwort auf diese Fragen ist das große Geheimnis. Das kann jeder nur für sich in seinem stillen Kämmerlein klären.

Man kann auch abwägen, ob die Erfolgsfrage eine Familienangelegenheit ist. Es müssen ja nicht alle auch Unternehmer gewesen sein. Ob Vater, Großvater, Mutter, Großmutter, Tante oder Onkel: Wer aus Ihrer Familie war erfolgreich? Und: Sehen Sie Ähnlichkeiten? Vielleicht stellen Sie fest, dass Ihre Tante eigentlich genauso gestrickt war wie Sie? Dann ist für Sie vielleicht die Definition von Erfolg: »*Etwas, was mir, meiner Familie wichtig ist, umsetzen, erreichen, verwirklichen!*« Oder umgekehrt: Ihr Vater sagt, Sie sollen so werden wie er. Aber Sie widersprechen:

> »*Nein! Das will und muss ich nicht. Ich halte meinen Vater nicht für erfolgreich, weil er das, was er eigentlich wollte, überhaupt nicht erreicht hat. Und wenn ich das mache, was er will, heißt das für mich noch lange nicht, dass ich dann erfolgreich und glücklich bin. Denn eigentlich wollte ich Künstler werden und nicht Hutfabrikant. Deshalb wäre für mich eine Unternehmerkarriere in den Fußstapfen meines Vaters letztlich ein Teil des Scheiterns meines Lebens – und das will ich nicht!*«

»*Was bedeutet für mich ganz persönlich Erfolg?*« Das ist die große Frage, die man sich als Unternehmerin, als Unternehmer und Führungskraft einmal in aller Ruhe stellen und klären sollte. Wollen Sie groß und börsennotiert sein? Oder wollen Sie lieber ein Familienunternehmen führen, in dem Sie Ihre 30 Mitarbeitenden persönlich kennen. Leute, die zum Teil schon in der zweiten oder dritten Generation bei Ihnen arbeiten? Möchten Sie alles tun, um diesen Status quo zu erhalten? Wollen Sie nicht expandieren und auch nicht in China produzieren? Entscheidend ist am Ende des Lebens, dass man sagen kann:

> »*Ich habe erreicht, was ich wollte. Und zwar so, wie ich es gewollt habe und aufgrund meiner Werte und Wünsche als richtig und stimmig empfunden habe. Nicht so, wie es vielleicht andere gewollt haben. Ich war genau die Unternehmerin, der Unternehmer, der ich sein wollte!*«

Im Idealfall käme hier noch ein Halbsatz hinzu, nämlich, dass man sein Unternehmerleben auch »*zum Wohle der anderen und der Welt*« nutzen sollte. Natürlich kann niemand die ganze Welt glücklich machen. Aber man kann zum Wohle derer beitragen, die um einen herum sind, zum

Wohle der Mitarbeitenden, der Familie und aller, die einem wichtig sind.

Zum Wohle aller

Hier geht es um den schon erwähnten zusätzlichen Halbsatz *»zum Wohle der anderen und der Welt«*. Das heißt: Sie sollten sich überlegen, ob das, was Sie als Unternehmerin, als Unternehmer tun, wofür Sie sich einsetzen, mit Ihren Produkten oder Dienstleistungen, zum Wohle aller ist. Bringt es jemandem etwas? Ist es nützlich? Schafft es Gutes, Sinnvolles, Fortschritt, Versöhnung, neue Perspektiven? Das Wichtigste ist, dass man sagen kann:

> *»Ich tue etwas ganz Persönliches, aber es ist zum Wohle aller!«*

Zum Wohle aller, das heißt: zum Nutzen, zur Verbesserung, zum Vorteil. Jemand soll etwas Gutes davon haben. Das ist Ihr wertvoller Beitrag! Dieser Beitrag liegt in der Antwort auf die Frage am Ende, wenn man den Ruhestand antritt, wenn man eines Tages geht:

> *»Ist die Welt ein bisschen besser geworden, als sie war, bevor ich Unternehmer oder Unternehmerin wurde?«*

3. Wir alle wollen erfolgreich sein. Wie ist man erfolgreich?

Neben all den in diesem Buch bereits angesprochenen Tipps, wie Sie sich als Unternehmer, als Unternehmerin, als Führungskraft auf Erfolg trimmen können, gibt es noch weitere wichtige Aspekte für Ihre Krisenfestigkeit und Ihren langfristigen Erfolg. Bevor wir uns diese Aspekte ansehen, möchte ich betonen, dass der Grundstein für den Erfolg in der Regel bereits in der Erziehung, in der Bildung gelegt wird. Denken Sie also daran – auch im Hinblick auf Ihre Kinder und Enkel.

Kommunikations- und Sprachkompetenz

Der Motor der Wirtschaft sind letztlich immer wir Menschen. Es geht darum, Mitarbeitende, Kunden oder Geschäftspartner für unsere Unternehmen, Produkte und Leistungen zu gewinnen. Es geht ums Vertrauen, Instruieren, Führen, Überzeugen und Verkaufen. Es geht darum, Informationen verständlich und effizient zu transportieren. Hier ist die Kommunikations- und Sprachkompetenz eine enorm wichtige Säule für den Erfolg. Ebenso ist Vielsprachigkeit von Vorteil, um seinen Kommunikationsradius mit anderen Ländern, Kulturen und Märkten zu erweitern.

Aber auch die Beherrschung der Sprache für unterschiedliche Bildungsschichten oder Fachgebiete spielt eine Rolle. Das heißt: Können Sie andere begeistern, mitreißen? Sind Sie in der Lage, zügig auf den Punkt zu kommen? Können Sie bei Bedarf auch dominat sein, um sich durchzusetzen? Nimmt man Ihnen dies wirklich ab? Können Sie Dinge so erklären, dass es auch der »Mann auf der Straße« versteht, aber immer noch so, dass sich ein Experte dabei nicht an den Kopf fasst?

Auf jeden Fall sollten Sie als Unternehmer oder Unternehmerin in der Lage sein, verständlich und überzeugend zu formulieren, nah am Menschen, an Ihren Zielgruppen. Wenn es da Defizite gibt, können und sollten Sie das trainieren.

Gute Umgangsformen

»*Kleider machen Leute!*« Oder: »*Der erste Eindruck zählt!*« Diese Redewendungen kennen wir alle. Es spielt im Leben und erst recht im Geschäftsleben eine große Rolle, mit welchen inneren Werten, Charaktereigenschaften, Moralvorstellungen und mit welchem äußeren Erscheinungsbild man auftritt. Die Wirkung all dessen sollte nicht unterschätzt werden.

Zudem ist jedem Unternehmer, jeder Unternehmerin oder Führungskraft anzuraten, sich gut zu benehmen und angemessen aufzutreten. Es empfiehlt sich, sich auch auf dem Gebiet eine gewisse Kompetenz zu verschaffen und etwa die wichtigsten Knigge-Regeln zu kennen und zu beherzigen.[76] Denn: Wer sich gut präsentiert und gute Manieren an den Tag legt, hat meist schon die Sympathie seiner Mitmenschen gewonnen und dadurch den ersten Schritt zum Erfolg getan.

Teamfähigkeit

Eine weitere wichtige Fähigkeit von Unternehmern und Führungskräften ist es, in Teams zu arbeiten und jeden Mitarbeitenden an der richtigen Stelle einzusetzen. Der Schlüssel dazu ist, andere Menschen relativ schnell und gut einschätzen zu können:

- Was will er oder sie?
- Was kann er oder sie?
- Wo ist er oder sie am richtigen Platz?
- Wie viel Autonomie verträgt er oder sie?
- Wie viel Maßgabe, also Vorgabe und Zielsetzung, benötigt er oder sie?

- Welches Arbeitsgebiet, welchen Aufgabenbereich kann er oder sie wirklich abdecken?
- Wie viel Stress und Druck verkraftet er oder sie?
- Wie viel Zeiteinsatz und Arbeitspensum hält er oder sie aus?
- Wo liegen seine oder ihre Stärken, wo sind die Schwächen?

Haben Sie diese Fragen geklärt, können Sie die Person so einsetzen, dass sie ihre Stärken voll ausspielen kann. Das ist wie bei einem Schachspiel. Man muss wissen: *»Ich kann nicht ein Pferd an die Stelle des Königs setzen und ich kann auch nicht aus einem Bauern eine Dame machen.«* Das funktioniert einfach nicht. Wenn das Team richtig und stimmig aufgestellt ist, wird jeder Einzelne nach seinen Stärken gefordert und gefördert. Das Ziel ist es, alle zu guten, zufriedenen und vielleicht sogar glücklichen Mitarbeitenden und Teamplayern zu machen.

Vorbildwirkung

Ein weiterer Aspekt für langfristigen Erfolg ist die Vorbildfunktion. Der typische Chef oder die typische Chefin kommt zuerst und geht zuletzt. Er oder sie kennt jeden Arbeitsplatz, vielleicht nicht aus eigener Erfahrung, aber zumindest dahingehend, welche Anforderungen, Aufgaben und Abläufe dort konkret bestehen. Je nach Unternehmensgröße kennt der Chef oder die Chefin die Mitarbeitenden mit Vor- und Nachnamen, vielleicht sogar ihre Familienverhältnisse. Und sie pflegen den Kontakt zu ihrem Team, indem sie auf die Mitarbeitenden zugehen und das Gespräch mit ihnen suchen: *»Sie haben heute Geburtstag, herzlichen Glückwunsch und grüßen Sie Ihren Mann schön. Ich hoffe, Ihren Kindern geht es gut? Wie läuft es denn in der Schule?«* So vermitteln Sie Ihren Mitarbeitenden das Gefühl:

> *»Für meinen Chef oder meine Chefin bin ich nicht irgendwer. Er oder sie interessiert sich für mich persönlich. Das ist nicht nur ein toller Chef oder eine tolle Chefin, sondern ein vorbildlicher Mensch, den ich bewundern kann, der mir in die Augen schaut, der mir die Hand gibt, der mir auch mal auf die Schulter klopft!«*

Ihr Erfolgsteam

Selbstfindung, Selbstoptimierung, Selbstverwirklichung – notfalls gegen den Rest der Welt? Die Optimierung des Ichs steht heute im Vordergrund. Das ist auch eine wunderbare Errungenschaft, wenn man das Glück hat, in einem Land zu sein, in einer Demokratie, in der die Menschen sich die Freiheit erkämpft haben, nach ihrem eigenen Willen zu leben. Natürlich gibt es die eine oder andere Einschränkung durch Gesetze, Vorschriften und Spielregeln, an die wir uns halten müssen, damit ein zivilisiertes Zusammenleben reibungslos funktioniert. Aber so frei wie heute war das Leben auf unserem Planeten noch nie.

Die Kehrseite der Medaille ist, dass bei dem einen oder anderen ein ungesunder Egoismus zutage tritt. Deshalb sollte man Selbstverwirklichung immer im Team denken. Denn in Wahrheit kann niemand allein erfolgreich sein. Was immer man kann, was immer man weiß, was immer man erreichen will: Es sind immer andere Menschen und auch andere Dinge daran beteiligt. Das können Dinge sein, wie beim Maler der Pinsel, beim Musiker das Instrument, beim Gärtner die Natur. Aber der Musiker benötigt sein Publikum, der Schriftsteller seine Leser und das Unternehmen seine Mitarbeitenden, Kunden und Lieferanten.

Selbstverwirklichung, Selbstoptimierung, der Ausdruck des eigenen Seins, der eigenen Möglichkeiten, Talente, Fähigkeiten oder Begeisterung bezieht immer andere mit ein. Nichts geschieht im Nirwana. So ist es auch mit dem Erfolg. Ihr Unternehmen könnte nicht funktionieren, wenn es den Postboten, die Ärztin, den Busfahrer, die Kassiererin im Supermarkt nicht gäbe. Auch diese »Namenlosen« gehören zu Ihrem Erfolgsteam! Ein freundliches Wort, ein netter Gruß, ein respektvoller Umgang mit allen wird Ihnen helfen, den Erfolg anzuziehen, anstatt ihn zu vertreiben.

Umfeld- und Marktkenntnis

Man muss natürlich auch das Umfeld, den Markt kennen und ständig beobachten. Dazu gehört eine gute Vernetzung mit anderen. Grundvoraussetzung ist, in Sachen Digitalisierung auf dem neusten Stand zu sein und über die aktuellen technischen Möglichkeiten und Mittel zu verfügen, um die Dinge und Entwicklungen im Auge zu behalten. Die Kunst besteht darin, sich nur dort einzubringen, wo es sinnvoll ist, und den Rest links liegenzulassen. Gerade, weil wir heute einer schnelllebigen Veränderungskultur unterworfen sind, kann man nicht auf allen Hochzeiten tanzen. Man muss Prioritäten setzen und mit seiner Zeit, seinen Kräften sowie seinen Gestaltungs-, Einfluss- und Durchsetzungsmöglichkeiten klug umgehen.

Ungewissheit erfolgreich managen

Bei allen engagierten Bemühungen und besten Absichten muss man sich darüber im Klaren sein, dass man zwar in den meisten Fällen abschätzen kann, was man heute und morgen für das Unternehmen benötigt. Doch was es in 5, 10, 15 Jahren brauchen wird, das weiß niemand. Man kann versuchen, es vorherzusagen. Aber das funktioniert selten genau. Sie müssen sich also damit abfinden, dass Sie nicht immer sicher wissen, was kommt. In dieser Hinsicht haben Sie als Unternehmerin oder Unternehmer nur zwei Möglichkeiten: Auf der einen Seite wachsam zu sein und ständig zu beobachten, was in Ihrem Markt, in Ihrer Welt passiert. Auf der anderen Seite gelassen zu bleiben und sich zu sagen: »*Was auch immer passiert, wir – mein Team und ich – schaffen das schon!*« Allerdings reicht das noch nicht ganz. Neben aller Wachsamkeit benötigt man auch eine schnelle Eingreiftruppe und immer, ohne Ausnahme, einen Plan B. Denn man sollte möglichst auf alle denkbaren Alternativen vorbereitet sein.

Meister der Coolness

Die Zukunft hält sich nicht an Pläne. Schon gar nicht in Zeiten des Umbruchs, in Zeiten so großer Umwälzungen, wie wir sie seit der Jahrtausendwende ständig erleben. Da kann man schon verstehen, wenn man als Unternehmer oder Unternehmerin nicht immer ruhig schlafen kann. Manch einer meint, er könne angesichts dieser Umstände nur noch einen Herzinfarkt erleiden oder Beruhigungsmittel einnehmen, weil er es anders nicht mehr aushalten kann. Aber das sind natürlich keine ernsthaften Lösungen. Vielmehr benötigt man eine innere Instanz, die einem die Ruhe und die Gewissheit gibt, sich zu sagen: *»Wie immer es wird und was immer kommt, ich werde das meistern!«*

Wie bekommen Sie das hin? Indem Sie:

1. … ein bestimmtes Bild von sich, einen überzeugten Grundblick auf sich selbst haben, um sich zu sagen: *»Ich meistere das! Ich verlasse mich zwar gerne auch auf andere, auf mein Team, aber ich verlasse mich in erster Linie auf mich selbst und gehe voran. Denn ich bin der Leuchtturm, das Zugpferd, der Fels in der Brandung und weiß, mir kann ich immer trauen!«*
2. … bestimmte Werte für sich haben, an denen Sie sich orientieren und an die Sie sich diszipliniert halten.
3. … mögliche Alternativen immer mitbedenken und sich sagen: *»Okay, wenn es so nicht geht, dann geht es so. Und wenn es so nicht geht, dann geht es auch noch anders. Ich finde immer eine Alternative. Nichts ist alternativlos!«*
4. … die eigene Positionierung immer wieder hinterfragen und klären: *»Bin ich damit noch richtig unterwegs? Sollte ich hier ein wenig mehr Gas geben oder Gas wegnehmen oder eine andere Richtung einschlagen?«*
5. … die innere Überzeugung haben: *»Ich gehe meinen Weg! Ich mache jetzt diesen Schritt. Ich ziehe das durch und stelle das nicht gleich wieder infrage. Ich falle mir nicht selbst in den Rücken, indem ich meine Entscheidungen umwerfe!«* Das wäre so, als würden Sie Vollgas geben und dann gleich wieder auf die Bremse treten und dieses Spiel endlos wiederholen. So kommen Sie überhaupt nicht weiter. Auch Ihr Umfeld, Ihr Team, weiß dann nicht mehr, ob es noch mitziehen oder lieber passiv abwarten soll, bis es knallt.

4. Erfolgreich bleiben ist eine hohe Kunst

Erfolgreich werden ist der erste Schritt – und der ist meistens gar nicht so schwer. Wirklich schwer ist es, erfolgreich zu bleiben. Bei Jungunternehmern und Jungunternehmerinnen ist häufig tatsächlich das Anfängerglück mit dabei. Zu Beginn geht es auf traumwandlerische Art und Weise – halb magisch, halb verschlafen, mehr oder weniger gut.

Erfolgreich werden ist nicht schwer ...

Das ist so, wie wenn eine junge Tennisspielerin mit jugendlicher Vorbehaltlosigkeit und Unbedarftheit einfach anfängt. Da lastet noch kein Druck auf ihr. Es gibt noch keine Erwartungen an sie. Sie ist noch ein unbeschriebenes Blatt. Niemand beneidet sie oder hat sie auf dem Kieker. Da sind noch keine Gegnerinnen, die sie ausbremsen wollen, die ihre Tricks und Techniken kennen. Und so gelingt ihr dann ein erstaunlicher Erfolg.

Die Frage ist: Ist die Tennisspielerin auch bei weiteren großen Turnieren erfolgreich? Oder ist sie nur einmal aufgetaucht und danach hat man nie wieder etwas von ihr gehört? Auch das kommt häufig vor: Kurz auftauchen, einmal erfolgreich sein, es aber nicht bleiben.

Wie bleibt man erfolgreich?

Das Wichtigste ist zu verstehen, dass man nur erfolgreich bleiben kann, wenn man ein wandlungsfähiges Konzept hat! Das bedeutet, dass Sie als Unternehmerin oder Unternehmer natürlich bei Ihren bereits erfolgreichen Produkten, Dienstleistungen, Ihrem Team oder Ihren Strukturen bleiben, dass Sie sich aber darüber im Klaren sind:

Alles verändert sich! Ständig! Ihre Mitarbeitenden, die politische Lage, das Weltgeschehen. Sie selbst verändern sich übrigens auch. Sie werden älter und Sie werden in andere Situationen kommen. Auch das sollten Sie berücksichtigen. Das heißt: Ihr Erfolgskonzept wird immer wieder angepasst, verändert.

Ein Unternehmen, das heute eine bestimmte Größe hat, kann morgen schon kleiner oder noch größer sein. Die Zahl der Mitarbeitenden ändert sich; die Orte, an denen produziert oder Geschäfte gemacht werden, ändern sich; die Geschäftspartner ändern sich; die Arbeitszeiten und die Arbeitsorganisation ändern sich. Um erfolgreich zu bleiben, sind Veränderungen unerlässlich. Sie benötigen innovative Ideen, neue Leute, ein gutes Gleichgewicht zwischen Mitarbeitenden, die schon einige Jahre Erfahrung haben, und jungen Teammitgliedern, die mit frischem Input ins Unternehmen kommen. Im Idealfall repräsentiert das Team einen Querschnitt der Bevölkerung.

Am Anfang sind Sie selbst ein junger Unternehmer oder eine junge Unternehmerin, später werden Sie reifer, dann älter. Und dann wissen die jungen Leute natürlich mehr über die aktuellen Trends und Entwicklungen, die Moderne als Sie. Achten Sie also darauf, mit der Zeit zu gehen, die Veränderungen in Ihrem Unternehmen ständig zu reflektieren und sich den aktuellen Gegebenheiten anzupassen. Aber nicht unüberlegt, nicht zu schnell, nicht im Zickzack. Und bedenken Sie stets: Die Moderne ist gut und schön. Aber dem Modernsein fehlt grundsätzlich immer, in jeder Generation, die Erfahrung! Das ist immer so – es geht gar nicht anders.

Die Idee der Unternehmen ist oft: »*Wir müssen einen 10-Jahres-Plan machen und wir müssen wissen, was in 20 Jahren ist und in solchen langfristigen Strategien denken!*« Davor kann ich nur warnen. Das funktioniert nicht, weil niemand, wirklich niemand, weiß, was in 5 Jahren oder in 10 Jahren, geschweige denn in 30 Jahren ist. Sie wissen selbst noch nicht einmal, wo Sie in 10, 20 oder 30 Jahren sein und stehen werden. Wie wollen Sie das für die ganze Welt wissen, für eine Marktsituation, ein Staatssystem, ein Finanzsystem, ein globales System?

Auch wenn es Systeme gibt (viele davon sind diktatorisch), die glauben, mit 5-, 10- oder 50-Jahresplänen agieren zu können. Das sieht immer schön aus und alle knallen die Hacken zusammen und sagen: »*Das brauchen wir auch, weil die Demokratie eine Schwäche hat, weil sie keine langfristigen Pläne machen kann!*« Aber wenn wir uns nur die Geschichte seit der Jahrtausendwende ansehen, haben wir daraus gelernt, dass es überhaupt keinen Sinn ergibt, langfristige Pläne zu machen. Denn es kommt ohnehin anders als gedacht. Deswegen ist viel wichtiger, Gegenwarts- und Kurzzeitbetrachtungen anzustellen. Was das genau heißt? Unternehmerinnen und Unternehmer, die erfolgreich bleiben wollen, müssen wissen:

> *»Morgen bin ich nicht mehr der, der ich heute bin. Das ist sicher. Deshalb schaue ich mir ständig die Welt an. Ich interessiere mich für die Menschen. Ich verliere nicht den Kontakt zur Welt. Ich will wissen, was passiert – in den sozialen, modernen Kommunikationsnetzen, in den Autohäusern, im Supermarkt, auf dem Kunstmarkt. Ich spreche viel mit älteren und jüngeren Menschen. Ich möchte herausfinden: Was suchen sie? Was fürchten sie? Wie geht es ihnen? Ich höre genau zu. Ich schaue genau hin. Und dann sage ich mir immer wieder: ›Okay, aber wenn es sich jetzt in die eine oder andere Richtung entwickelt, dann sollten wir im Unternehmen auch in die eine oder andere Richtung planen.‹«*

Als Unternehmer oder Unternehmerin muss man den Finger am Puls der Zeit haben, relativ häufig über Veränderungen nachdenken und nicht sagen: »*Je stabiler mein Unternehmen aufgebaut ist, desto besser hält es sich!*« Im Gegenteil. Man muss sich sagen: »*Je flexibler mein Unternehmen gebaut ist, desto besser passt es sich an. Und nur das ergibt Sinn!*« Oder wie es mein geschätzter »Vorwort-Autor«, Prof. Dr. Arnold Weissman, in seinen Vorträgen so gerne auf den Punkt bringt:

> *»Sei stolz auf die Vergangenheit, aber erfinde Dich stets neu! Celebrating the Past. Pioneering the Future.«*

Neu heißt nicht, gleich alles über den Haufen zu werfen. Sie können an Grundsätzen festhalten, die für Sie wichtig bleiben und die Sie daher weitertragen möchten, beispielsweise:

- *»Ich bleibe der Familienbetrieb, der ich bin.«*
- *»Ich bleibe mit dem Hauptsitz dort, wo ich bin, weil mir das mein persönliches Anliegen ist.«*
- *»Ich bleibe in meiner Branche, bei meiner Kernkompetenz.«*

All das können Sie machen. Aber erfolgreich zu bleiben ist eine Frage der Lebendigkeit der Unternehmerin, des Unternehmers! Wie nah ist sie oder er an der Welt, an der Natur, an den Menschen? Wie nah am Denken, Fühlen und Wollen der Zeit? Je näher, desto besser. Je mehr man sich abkoppelt und sagt: *»Ich gehe morgens ins Büro, dann spiele ich Golf und abends treffe ich mich immer mit den gleichen fünf Freunden!«*, desto eher verpasst man wichtige Veränderungen. Ja, man verliert den Bezug zur Welt. Man weiß nicht mehr, was gespielt wird, was die Schulkinder beschäftigt, was Studierende denken, was der Mann am Kiosk sagt oder was die Kassiererin im Supermarkt denkt.

Es ist also wichtig, zu wissen, wer man ist, was man will, was zu einem passt und was nicht. Ihr Erfolg ist Ihr Erfolg und nicht der Erfolg nach der Standardformel X. Gleichzeitig müssen Unternehmerinnen und Unternehmer wissen, was das Wohl aller sein könnte. Um das herauszufinden, sollten Sie sich fragen:

> *»Was ist die Sorge aller? Was ist die Angst aller? Was treibt sie um? Was bewegt die Menschen in dieser Zeit, zumindest in meiner Region, in der Stadt, in der wir produzieren, und dem Land, in dem wir unsere Angebote verkaufen?«*

Antworten auf diese Fragen bekommen Sie nur durch gutes Zuhören, Hinschauen, Dabeisein und Miterleben. Unternehmerinnen und Unternehmer sollten zum Tankwart gehen, in den Supermarkt, in die Kantine, in die Schule und überall »Mäuschen« sein. Überall zuhören, nachfragen, recherchieren, um zu verstehen, wie die Welt um sie herum wirklich funktioniert.

5. Vernunft ist wie kühles Wasser

Mit der Thematik der Vernunft haben sich schon unzählige Philosophen wie Lao-Tse (6. Jahrhundert v. Chr.), Aristoteles (384–322 v. Chr.) bis hin zu Immanuel Kant (1724–1804) auseinandergesetzt. Die Abhandlungen dazu füllen Bibliotheken. In der modernen Verwendung wird Vernunft gerne als ein durch Denken bestimmtes geistiges menschliches Vermögen zur Erkenntnis beschrieben. Aber lassen Sie es mich etwas pragmatischer versuchen: Vernunft ist das, was die Mehrheit einer Kultur, einer Gesellschaft oder diejenigen, die hier das Wort führen, gerade für vernünftig erklären. Als vernünftig wird das eingestuft, was am realistischsten, pragmatischsten und am besten ist, um die aktuellen Probleme angemessen und stimmig zu lösen.

Vernunft ist jedoch immer abhängig von der Zeit und dem Zeitgeist: Was ich damit sagen will? Hier ein Beispiel: Es galt etwa früher als sehr vernünftig, bestimmte Mittel und Medikamente einzunehmen. Dazu zählte auch das Schlaf- und Beruhigungsmittel Contergan. Dies wurde von etlichen Frauen gegen Schwangerschaftsübelkeit eingenommen. Doch Anfang der 1960er-Jahre wurde bekannt, dass die Einnahme von Contergan schwere Fehlbildungen bei Neugeborenen verursacht. So war es plötzlich extrem unvernünftig, dieses Medikament einzunehmen. Vernunft hat also immer damit zu tun, wie die gegenwärtigen Erkenntnisse, die Problemlage und der gesellschaftliche Konsens im Hinblick auf die stimmigste Lösung und die pragmatischste Vorgehensweise aussehen. Somit hat Vernunft keinen Absolutheitswert.

Vernunft – das Klischee des alten Buchhalters

Stellen Sie sich das Klischee eines Buchhalters aus alten Zeiten vor – mit einem weißen Hemd, Ärmelschonern, einer runden Nickelbrille und lauter perfekt gespitzten Bleistiften auf dem Schreibtisch. Er ist der Inbegriff der Genauigkeit, der Verlässlichkeit, der klaren Regeln, der Fehlerfreiheit.

Ist das der Prototyp eines vernünftigen Menschen? Dem Buchhalter kommen keine Emotionen in die Quere. Er kennt keine Langeweile, sondern nur strenge Regeln, keine Alternativen. Das gibt ihm wenig Freiheit, aber sehr viel Verlässlichkeit und Sicherheit. Ein solches Leben zu führen, ist vielleicht nicht gerade spannend, aber irgendwie einfach, berechenbar, kräfteschonend, ohne große Zweifel und mit viel Alltagsroutine. Es gibt kaum Spielräume oder Überraschungen. Aber wäre ein solches Leben wirklich schön? Wohl kaum. Ein Leben, das wie eine Buchhaltung funktioniert, lässt vieles außen vor, was zum Menschsein gehört. Vor allem die Lebendigkeit und alles, was mit Freiheit, Ideen und Kreativität zu tun hat. All das käme deutlich zu kurz.

Vernünftig sein ist meist ziemlich unvernünftig

Manche definieren den Menschen als vernunftbegabtes Wesen, das in der Lage ist, sich vernünftig zu verhalten, vernünftig zu reflektieren und so zu vernünftigen Entscheidungen zu gelangen und diese dann auch umzusetzen. Solche vernünftigen Entscheidungen tragen das kleinstmögliche Risiko in sich und die größtmögliche Wahrscheinlichkeit, dass sich alles so verhält, wie berechnet, wie prognostiziert. Es gibt auch Menschen, denen sich die Haare sträuben, wenn sie diese Sätze nur hören. Für sie sind Begriffe wie Prognose, Planbarkeit, Logik oder Intelligenz Worthülsen, die keinen wirklichen Inhalt haben, sondern beliebig interpretiert werden können. Genauso ist es mit der Vernunft. Vernunft ist ein schönes Wort, ein Konstrukt, das nur auf eines abzielt: größtmögliche Sicherheit bei kleinstmöglicher Freiheit; größtmögliche Berechenbarkeit bei kleinstmöglichem Risiko. Und wenn man es so sieht, ist ein vernünftiges Leben ohne Lebendigkeit an sich schon ein Unding.

Natürlich gibt es gewisse Vorstellungen, Wünsche und Pläne, die man verwirklichen möchte. Nur ist das alles von Natur aus überhaupt nicht sicher. Denn das Leben und alles drumherum ist lebendig, offen und völlig unberechenbar. Deshalb ist für ein interessantes, gutes, erfolgreiches Leben und erst recht für das Unternehmertum vor allem eines gefragt: Mut! Mut zum Sprung ins kalte Wasser, Mut zum Risiko, Mut zum Wagnis, Mut zu einem Verhalten, das grob unvernünftig, ja waghalsig ist. Es gilt, sich begeistern, inspirieren und faszinieren zu lassen, nicht nur zu denken, sondern auch zu wünschen und zu träumen. Unternehmerinnen und Unternehmer brauchen den Mut, etwas zu unternehmen, den Mut zu handeln, anzupacken, weiterzumachen. Vielleicht sogar umzudenken, neu anzufangen, umzubauen. Egal, ob das vernünftig oder unvernünftig ist. Egal, ob das gerade Common Sense ist oder nicht. Egal, ob das statistisch mehr oder weniger stimmt oder nicht.

Wer handelt und entscheidet, kann Fehler machen – richtig! Wer nichts entscheidet, nichts tut, abwartet, bleibt möglicherweise fehlerfrei und tadellos. Insofern wäre Letzteres vernünftiger. Aber so würde ein Unternehmer oder eine Unternehmerin nie etwas bewegen, nie etwas erreichen, nie erfolgreich sein. Unternehmerinnen und Unternehmer müssen entscheiden, wagen, handeln, sich engagieren, die Ärmel hochkrempeln, eben etwas unternehmen und riskieren. Ganz nach dem Motto: Wer wagt, der gewinnt! Das ist der Kern des Unternehmertums! Ja, wer wagt, kann auch verlieren. Aber am Ende ist auch der Misserfolg, das Scheitern, der Verlust eine Lektion, die den späteren Gewinn umso sicherer, umso größer, umso strahlender werden lässt.

Es geht nicht darum, die Vernunft zu verdammen. Manchmal ist es vielleicht sogar vernünftig, vernünftig zu sein. Aber die Vernunft darf nicht zum beherrschenden Element werden! Im Gegenteil: Unternehmer und Unternehmerinnen müssen ihrem kühnen, begeisterungsfähigen und auch unvernünftigen Unternehmergeist – vielleicht manchmal sogar ihrem verrückten Genie – viel Raum und Möglichkeiten geben, um das Unternehmen voranzubringen und auf Erfolgskurs zu halten.

Warum ein Kind in die Pfütze platscht

Kinder lieben es, in eine Pfütze reinzuplatschen. Viele Eltern aber fragen dann mit erhobenem Zeigefinder: *»Was soll das? Du wirst nass, schmutzig. Das ist sinnlos! Warum tust du das? Um mich zu ärgern? Damit ich deine Kleidung waschen muss, als ob ich nichts anderes zu tun hätte?«*

Das sind alles sinnlose Fragen. Das Kind platscht einfach in die Pfütze, weil es Spaß daran hat. Das ist die einzig sinnvolle und zutreffende Erklärung! Die meisten Kinder tun vieles, weil es ihnen Spaß macht, weil sie spontan sind, weil es ihnen gerade einfällt. Und Erwachsene, gerade Unternehmer, Unternehmerinnen und Führungskräfte, tun gut daran, sich gelegentlich in die Welt der Kinder zu versetzen. Aus der Sicht eines Kindes ist die Pfütze kein Ärgernis, kein Fehler des Handwerkers oder der Straßenverwaltung. Eine Pfütze ist für ein Kind einfach eine Herausforderung, die Spaß macht. Und deshalb platscht es mit beiden Füßchen voll hinein.

Wenn Sie so denken, sind Sie auf dem richtigen Weg zu Lebendigkeit, Freude und Mut. Dann können Sie aus Begeisterung heraus Entscheidungen treffen und sich so die nächste Tür zum Erfolg öffnen. Nicht die Vernunft, das Geld, die Karriere, irgendwelche Spielchen oder gar der Blick auf die Rente sollten die vorherrschende Triebfeder für Entscheidungen sein, sondern die Antwort auf die Frage: *»Macht es mir Freude, Spaß? Habe ich Lust dazu?«* Und bitte, machen Sie sich das nicht gleich wieder kaputt, lassen Sie sich nicht von Ihrem inneren Schweinehund mit *»Ich würde ja so gerne, aber …«* kleinkriegen. Vergessen Sie das übliche *»Wollen hätte ich schon, aber dürfen habe ich mich nicht getraut!«*. Wer Freude, Lust und Spaß daran hat, etwas zu tun, wird auch Wege finden, es erfolgreich umzusetzen! Unserer Fantasie sind kaum Grenzen gesetzt. Wichtig ist nur eines: Wenn Sie sich etwas wünschen, wenn Sie Lust, Spaß und Freude an etwas haben, dann suchen Sie nicht nach Gründen, warum es nicht geht. Suchen Sie nach Lösungen, die es möglich machen. Denken Sie daran: Wenn man von Freude, innerer Fröhlichkeit und Begeisterung getragen wird, gelingen die meisten Vorhaben mit viel weniger Aufwand und meist auch viel erfolgreicher.

Vernunft prickelt nicht

Tun Sie nicht das Vernünftige. Haben Sie den Mut zum Unvernünftigen, zum Wagnis, zur Veränderung! Denn Vernunft ist nicht die Kraft, die den Lauf der Dinge bestimmt. Vernunft ist ein schlechter Nährboden für Innovation und Gestaltung.

Wir alle wissen, dass es vernünftig wäre, nicht zu rauchen, besser zu schlafen, mehr zu laufen, weniger Stress zu haben. Tun wir das? Nein! Wir leben weiterhin unvernünftig. Warum? Weil wir keine Maschinen oder Roboter sind. Weil Vernunft nicht das Leitkriterium des menschlichen Lebens ist.

Die Vorstellung, dass die Vernunft das wesentliche Steuerungsmittel, das Hauptkriterium des menschlichen Lebens ist, ist Unsinn. Vernunft hat wenig mit Freude und Begeisterung zu tun. Übrigens: Auch die Natur ist nicht vernünftig. Sie ist nützlich, aber nicht vernünftig.

Vernunft ist wie kaltes Wasser. Es hat keine Wärme, es prickelt nicht. Champagner ist unvernünftig; Wasser zu trinken wäre vernünftiger. Trotzdem mögen wir lieber Champagner – erst recht, wenn es etwas zu feiern gibt. Champagner prickelt so schön. Er sieht besser aus, riecht gut und schmeckt gut. Wasser ist lebensnotwendig, aber langweilig. Deshalb trinken wir lieber Wein oder Champagner. Zu Recht, denn wir sind Menschen und sollen Freude am Leben haben.

Als Unternehmerin, als Unternehmer müssen Sie verstehen, wie die Menschen und vor allem wie die Konsumenten, die sogenannten »Endkunden«, die »Verbraucher«, ticken. Denn sie repräsentieren den so wichtigen B2C-Markt, ohne den es keine anderen Märkte gäbe. Hier ist ein essenzieller Schlüssel zum Erfolg, sich der »Rolle der Vernunft« bewusst zu sein. Und noch etwas spricht dafür, dass sich Unternehmer und Unternehmerinnen unbedingt mit Vernunft und auch mit Unvernunft befassen sollten. Was das ist? Ich bin sicher, dass sich auch Ihre Mitarbeitenden mit so manch Unvernünftigem zwischendurch mehr begeistern lassen als mit ständig nur kosten- und gewinnmaximierenden, rationalen Entscheidungen und Gegebenheiten!

6. Der erfolgreiche Umgang mit Geld

Geld ist eine wunderbare Idee, ein unentbehrliches Konzept, nichts Verwerfliches, auch keine teuflische Erfindung. Es dient uns Menschen zur Interaktion, zum Austausch, zum Geben und Nehmen zwischen den und über alle Ebenen des Wirtschaftens hinweg. Geld ist eine geniale Erfindung, ein geschlossenes Ganzes, in dem sich lauter miteinander im Kreislauf kommunizierende, offene Systeme befinden. Der Kreislauf des Geldes ist wie der Kreislauf der Energie. Geld ermöglicht uns, den Wert von etwas begreifbar und handhabbar zu machen, das Billige vom Wertvollen zu unterscheiden.

Geld ist nur deswegen auf wahrscheinlich sogar Platz 1 der Missbrauchsinstrumentarien, weil so wenige Menschen wirklich stimmig damit umgehen. Denken Sie also nicht schlecht über Geld. Geld ist eine wertvolle Errungenschaft unserer Zivilisation. Je mehr Menschen im guten Sinne mit Geld umgehen und andere auch dazu ermutigen, desto besser. Dann ist Geld ein offenes Win-win-System, von dem alle etwas haben, ein nützlicher Kreislauf, von dem jeder profitieren kann. Das Verb »ver-dienen« sagt uns, worum es geht: dienen. Es geht also darum, eine Entschädigung und eine Anerkennung für die geleistete Arbeit, für das Bemühen zu erhalten. Geld mit Geld zu machen, hat damit wenig zu tun.

Die weitverbreitete Fehlsicht auf Geld

Geld ist ein gutes Tauschmittel, aber es kann nicht das menschliche Engagement, Mut, Kraft, Durchhaltevermögen oder Kreativität und Risikobereitschaft ersetzen. Der Gedanke: »*Ich habe eine tolle Idee, aber leider habe ich nicht genug Geld, um sie umzusetzen. Aber wenn ich Geld hätte, wäre ich ein Unternehmer oder eine Unternehmerin!*«, ist falsch herum gedacht. Wenn man wirklich Unternehmerin oder Unternehmer ist, stehen einem viele Möglichkeiten offen, um zum nötigen Geld zu kommen.

Man kann es sich leichter machen und sagen: »*Bevor ich 30 Jahre die Ochsentour von ganz unten nach ganz oben mache, hilft mir meine Mutter, mein Vater, die Bank von nebenan oder jemand, der an mich glaubt, mit Geld.*« Aber: Geld ersetzt nicht den Mut, den Fleiß, die Disziplin, die Idee, die ständige Beobachtung und Erforschung des Marktes. Es ersetzt nicht die Werbung, die Führungsqualitäten, die Teamarbeit und das Durchhaltevermögen. Wer sich einbildet: »*Ich bin Unternehmer, damit bin ich reich und erfolgreich. Das Geld kommt von der Bank, so wie das Licht aus dem Lichtschalter. Ansonsten brauche ich mir keine weiteren Gedanken zu machen. Das Geld erledigt alle notwendigen Maßnahmen und ersetzt alle inneren Fähigkeiten!*«, der wird scheitern.

Geld macht manches angenehmer, ja. Folgendes sollte sich aber jeder überlegen, wenn er Geld, insbesondere OPM, in Anspruch nehmen will:

> »*Wie wäre es, wenn das Geld nicht zur Verfügung stünde oder morgen schon weg wäre? Könnte ich es notfalls auch ohne Geld schaffen?*«

Das ist so, wie bei einem Haus, in dem es zwei Möglichkeiten gibt, um nach oben zu kommen: die Treppe und den Aufzug. Der Aufzug ist die Variante mit dem Geld. Aber jeder sollte sich fragen: »*Bin ich grundsätzlich in der Lage und willens, auch das Treppenhaus zu benutzen?*« Bei einem Bungalow oder einem dreistöckigen Haus ist das kein Problem. Aber wenn man hoch hinauswill, wenn man ein Unternehmen aufbauen will, das so hoch wie das Empire State Building mit seinen 381 Metern und 102 Stockwerken ist, dann wird das zu einer entscheidenden Frage. Vielleicht schickt die Bank Sie erst einmal die Treppe hoch. Und wenn Sie es aus eigener Kraft wenigstens bis in den 50. Stock geschafft haben, dann ist die Bank vielleicht bereit, Ihnen den Kredit für den Rest des Weges zu geben. Denn erst dann wissen Sie und die Bank, dass Sie notfalls auch die Ochsentour auf sich nehmen und auch durchstehen werden.

Das Geld und die Macht

Gerade Jungunternehmerinnen und Jungunternehmer denken oft, dass Geld ein Ersatz für das ist, was fehlt. Geld soll die Zeit, die Arbeit, die Erfahrung, das Hin- und Herdenken, die Gründlichkeit, manchmal auch die schlaflosen Nächte ersetzen. Auch das disziplinierte Dranbleiben an einer Sache. Geld soll alles leichter machen – wie der Aufzug, der bequemer und schneller ist als der mühsame Weg über die Treppe. Aber Geld ist trügerisch und auch der Aufzug kann stecken bleiben oder wieder nach unten rasseln.

In Wahrheit macht Sie der Aufzug machtlos! Das heißt: Geld gibt keine Macht. Im Gegenteil: Geld nimmt Macht! Leider erkennen das gerade junge Unternehmerinnen und Unternehmer mangels Erfahrung noch nicht. Doch: Jede Form von Geldgabe oder OPM macht abhängig. Deshalb braucht es immer einen hervorragenden Juristen oder »Advocatus Diaboli«, der Gegenargumente aufzeigt, der eine konstruktiv-kritische Perspektive einbringt. Jemanden, der einen darauf hinweist, wie abhängig man sich zum Beispiel mit einem Finanzierungsvertrag für die nächsten 30 Jahre macht, und der einem klar vor Augen führt, was passiert, wenn es schiefgeht. Dass im Zweifelsfall das Haus weg ist, Ihr Partner oder Ihre Partnerin mit unter die Räder kommt oder das gesamte Familienvermögen, das Lebenswerk mehrerer Generationen verspielt wird.

Schulden machen

Ich habe nur selten Menschen kennengelernt, welche – so sie sich einmal öffnen, um darüber ehrlich zu sprechen – signifikante finanzielle Verpflichtungen und gerade Schulden auf die leichte Schulter nehmen können. Oft »nagt« dies im Kopf, gerade in stillen Stunden oder nachts. Daher: Schulden machen oder persönliche Haftungen übernehmen, das können Sie natürlich tun. Allerdings sollten Sie dies nur tun, wenn Sie das mental nicht zu sehr belastet! Wenn Sie dickfellig, versiert oder kraftvoll genug sind. Wenn es genügend Gegenwerte oder ein vernünftiges Ausstiegsszenario gibt. Wenn Sie sich innerlich sagen können: »*Das stemme ich!*«

Bevor Sie Schulden machen, sollten Sie sich eingehend prüfen. Und falls Sie sagen: *»Ich habe Schulden, ich bin also ein schlechter Mensch!«,* *»Ich bin ein Verlierer, ich habe es einfach nicht geschafft!«, »Ich bin mit dem Kopf in der Schlinge und komme da nicht mehr heraus!«,* dann sollten Sie Abstand davon nehmen. Machen Sie keine Schulden oder stellen Sie einen innerlichen Zustand her, um diese souverän tragen zu können, oder legen Sie sich ein realistisches Ausstiegsszenario zurecht. Bitte nehmen Sie das Thema Schulden unbedingt ernst. Denn sind Sie erst einmal in solch einem Hamsterrad, dann ist dem nicht mehr so leicht und rasch zu entkommen!

Kein Geld von Freunden oder Verwandten!

Ideal ist, gerade am Anfang einer Betriebsgründung zu versuchen, so weit wie möglich zu kommen, ohne jemanden um Geld zu bitten. Dies gelingt erstaunlich gut, wenn man es schafft, frühzeitig Pilotkunden für sich zu gewinnen. Der Versuchung, Investoren gegen eine Beteiligung einzuwerben, sollten Sie möglichst widerstehen. Die Problematik rund um die Pferdewetten haben wir schon erörtert. Auf gar keinen Fall sollten Sie Ihr gesamtes Vermögen in Ihrem Unternehmen versenken. Verkaufen Sie Ihr Haus nicht und verwenden Sie nicht alle Ihre Ersparnisse für die Gründung. Und: Leihen Sie sich kein Geld von Verwandten oder Freunden! Alle diese Dinge würden Ihnen bei einem Fehlschlag viel schlimmere Probleme bereiten, als zu scheitern. Meistens zerbrechen daran Freundschaften und die Familienbande. Manchmal entstehen daraus sogar bittere Feindschaften.

Sollten Sie dennoch Geld von Freunden oder Verwandten annehmen, ist es ratsam, professionelle, wasserdichte Kreditverträge mithilfe eines hervorragenden Juristen aufzusetzen. Dabei sollte man sich vorstellen, dass die Person, von der das Geld kommt, eine Bank ist. Das heißt: Man macht einen sauberen Vertrag, nur dass der Zinssatz vielleicht etwas günstiger ist. Natürlich muss man auch die Details regeln – und zwar bis hin zu dem Punkt, dass der Kreditgeber nicht in Geschäftsangelegenheiten mitbestimmen oder sich anderweitig einmischen darf.

Bankkredit und Businessplan

»Viele Wege führen nach Rom!« Auch das Thema Finanzierung betreffend. Die meisten Unternehmerinnen und Unternehmer sind unglaublich kreativ, wenn es darum geht, Geld aufzutreiben. Genau das zeichnet sie auch aus, offen zu sein, groß zu denken. Finanzierungsquellen könnten potenzielle oder bestehende Kunden sein, ein strategischer Partner aus einem Cluster, darauf kommen wir im 5. Kapitel zurück, eine öffentliche Förderbank oder ein ebensolcher Beteiligungsfonds. Natürlich können Sie auch Crowdfunding anzapfen oder auf einen Mix aus verschiedenen Finanzierungsmöglichkeiten setzen. Im Zweifelsfall ist es allerdings nicht schlechter, eine Finanzierung mit einem ordentlichen, klar denkenden Banker anzustreben. Bei den Bankern sollte man am besten zuerst mit den älteren auf den unteren Hierarchieebenen sprechen. Denn gerade so ein »alter Hase« kennt das Spiel bestens und wird ihnen deshalb zugleich ein hilfreicher Sparringspartner sein, so Sie ihn diesbezüglich bitten und ihm Respekt zollen. Ja, möglicherweise müssen Sie sich etwas mehr anstrengen, um ihn von modernen Geschäftsideen zu überzeugen. Aber genau das wird Ihnen sehr helfen, Ihr Profil zu schärfen und Ihr Geschäftsmodell zu verifizieren. Unterschätzen Sie die Weisheit der Seniorität nicht! Ich war auch einmal jung und modern. Aber das hat mich überhaupt nicht davor bewahrt, gravierende Fehler zu machen. Denn der Moderne fehlt per definitionem eines: Es fehlt ihr die Erfahrung!

Erst wenn der Banker im Dorf sagt: *»Ihr Konzept, Ihre Geschäftsidee ist für mich einleuchtend. Ich verstehe es.«,* dann sollten Sie zu den höheren Hierarchieebenen in der Bank gehen. Das heißt: Die Vorstellung, dass nur ganz kluge, moderne Leute, die möglichst Betriebs- oder Finanzwirtschaft studiert haben und in den oberen Etagen sitzen, einen Businessplan verstehen, ist Unsinn. Ein Businessplan ist gut, wenn ihn auch die Lehrerin, der Fußballtrainer, ein Taxifahrer oder Ihre Hausärztin versteht. Wenn die sagen: *»Das leuchtet mir ein. Da wäre ich bereit, selbst mitzufinanzieren, weil ich für meine Investition, für mein Geld etwas zurückbekomme. Das rechnet sich!«,* dann ist das Vorhaben rund, schlüssig, klar. Jetzt kann man mit den oberen Etagen über die Finanzierung sprechen.

Sparsamkeit und Vorausschau

Auch wenn sich Ihre Geschäfte gut entwickeln, sollten Sie daran denken, dass auch unerwartete Hindernisse auftreten können. Deshalb ist es ratsam, sparsam zu wirtschaften und zudem ausreichende finanzielle Reserven aufzubauen und zu halten. Gerade in den ersten Jahren, in denen man anfängt, Gewinne zu erwirtschaften, wird oft ein entscheidender Fehler gemacht: Man vergisst, dass man Steuern auf die Gewinne zahlen muss und das Finanzamt dann auch noch Steuervorauszahlungen verlangt.

Haben Sie schon einmal geteilt?

Eine kritische Problemzone mit Geld ist erfahrungsgemäß, wenn sich Kollegen zusammentun, um ein Unternehmen zu gründen. Am Anfang herrscht meist viel Enthusiasmus. Es werden große Pläne geschmiedet, man schwört sich aufeinander ein, sieht wunderbare Entwicklungen vor sich: eine Win-win-Situation für alle. Aber die große Frage lautet:

>»Haben die Gründer schon einmal zusammen eine große Summe Geld zur Verfügung gehabt und geteilt?«

Sie können dies auch theoretisch in einem gut vorbereiteten, praxisnahen Probelauf durchspielen: Stellen Sie sich vor, es gibt insgesamt fünf Gründer und Gründerinnen: Jeder übernimmt eine andere Aufgabe. Einige bringen die besten Ideen ein. Manche investieren mehr, andere weniger Arbeitszeit. Der eine ist effizienter als die andere. Der eine kann ausgezeichnet Kunden und Deals an Land ziehen, die andere befasst sich lieber mit den Finanzen und der Buchhaltung. Der Nächste ist ein toller Entwickler, die andere ist CEO und damit die eigentliche Chefin. Der eine fährt einen hochwertigen Dienstwagen, weil er viele Kunden besucht und monatlich hohe Reisekosten abrechnet. Die anderen haben nur günstige oder gar keine Firmenfahrzeuge. Einer der Mitgründer war nicht bereit, für den Firmenkredit bei der Bank ungeteilt mit allen anderen zu haften, sondern nur für seinen Anteil.

Und dann kommen indirekt noch die Lebens- oder Ehepartner ins Spiel. Jemand beschwert sich ständig, dass sein Partner oder seine Partnerin zu viel arbeitet, zu wenig zu Hause ist, während die anderen das nicht so machen. Trotzdem bringt der Partner oder die Partnerin nicht mehr Geld nach Hause als die anderen Unternehmensgründer, wo er doch das Rückgrat der Firma sei. Nun könnte man einwenden: *»Wir sind doch gleichberechtigte Partner und Partnerinnen. Jeder hat den gleichen Anteil an der Firma!«* Das mag alles stimmen. Aber versetzen Sie sich doch einmal gedanklich in das eben geschilderte Szenario. Bauen Sie zudem noch ein paar untypische Umstände in dieses Spiel ein, wie den Verlust eines bedeutungsvollen Kunden, weil einer Ihrer Partner es »verbockt« hat, einen Rosenkrieg bei der Scheidung eines Co-Founders, der ständig in Ihr Tagesgeschäft durchschlägt, einen größeren Richtungsstreit oder den Verlust an gegenseitigem Vertrauen. Denn so läuft es in der Praxis meistens ab. Beurteilen Sie dann für sich selbst, wie Sie und die anderen mit dieser »Gleichberechtigung« zurechtkommen.

Lassen Sie sich auf die Simulation des Teilens ein. Beobachten Sie in diesem Spiel, bei dem Sie alle an einem Tisch sitzen und die eben genannten Parameter bedenken, wie Sie und Ihre Kolleginnen und Kollegen über gewisse Themen diskutieren. Sprechen Sie beispielsweise darüber, wie die erste hypothetisch gemachte Million an Nettogewinn angemessen aufgeteilt werden sollte. Möglicherweise kann Sie ein externer Moderator dabei unterstützen. Sehen Sie genau hin, wie jeder Mitgesellschafter sich und die anderen bedenkt. Achten Sie darauf, wie Sie dabei am Ende dastehen würden. Überlegen Sie dann, ob Sie tatsächlich über viele Jahre in einem gemeinsamen Boot sitzen wollen. Denn leider passiert es allzu oft, dass gerade Unternehmerinnen und Unternehmer, die erfolgreich geworden sind, letztlich wegen eines erbitterten Streits unter den Gesellschaftern scheitern. Alles zerbricht und geht verloren.

Der größte Fehler von Unternehmern und Unternehmerinnen?

Der größte Fehler, den man machen kann? Unternehmer oder Unternehmerin zu sein, nur um reich zu werden. Stattdessen sollten Sie sich darauf konzentrieren, anderen – insbesondere Ihren Kunden, Ihrem

Team und Ihrem Umfeld, »der Welt«, den größtmöglichen Wert und Nutzen zu bieten. Dann kommt der Rest, auch das Geldverdienen, ganz von selbst.

Folgen Sie dabei diesen Leitsätzen:

- Tun Sie möglichst nichts primär des Geldes wegen.
- Kaufen Sie nichts und investieren Sie in nichts, nur weil es billig ist.
- Kaufen Sie nichts und investieren Sie in nichts, nur weil es heißt, das gibt es nur heute und morgen nicht mehr.
- Kaufen Sie nichts oder investieren Sie in nichts, nur weil man Ihnen sagt, dass alle, die etwas Besseres sind, das jetzt haben wollen, um dazuzugehören, um mitzumachen.
- Kaufen oder investieren Sie vor allem nicht aus Angst.

Eine reiche Frau, ein reicher Mann können auch arm sein

Leben Sie nicht ohne Vision. Stellen Sie sich mindestens einmal im Jahr die folgenden Fragen: »*Wie möchten ich in zehn Jahren leben? Was soll meinen Alltag ausmachen? Wofür setze ich mich ein? Wofür stehe ich? Bin ich beliebt und vielleicht auch bekannt?*« Die Antworten helfen Ihnen, Ihre Ziele nicht aus den Augen zu verlieren! Wenn es um Ziele geht, ist es legitim, ja sogar empfehlens- und wünschenswert, auch nach materiellem Reichtum zu streben. Ein schönes Vermögen und ein gut gefülltes Bankkonto zu besitzen, macht vieles angenehmer. Zudem kann man damit auch »größere Räder« drehen und ein etwas bedeutenderer Teil im Kreislauf des Gebens und Nehmens sein. Allerdings sollten Sie sich gut überlegen, wie weit Sie gehen wollen: Welche Dimension an Reichtum wünschen Sie sich? Was passt stimmig zu Ihnen?

Die Medaille des finanziellen oder materiellen Reichtums hat auch eine Kehrseite: Reich zu sein und zu bleiben, das ist oft harte Arbeit. Da ist viel Druck im Spiel. Das macht nicht immer Spaß. Ständig Börsenkurse und Kontostände zu verfolgen, mit den Geldanlagen im Finanzsystem zu jonglieren und sich dabei nicht der Verführung des Zockens, der Gier hinzugeben, all das hält einen auf Trab. Je nach Dimension kann man das irgendwann nicht mehr alleine handhaben, ist auf andere angewiesen. Dazu kommt die Angst, ein großes Vermögen wieder zu verlieren. Damit geht meist einher, dass das Misstrauen wächst und das Vertrauen schwindet. Das führt zu Vereinsamung, Verhärtung, Desillusionierung. Auch schlaflose Nächte, Frustration und Belastungen für Gesundheit und Familie sind die Folge. So kann eine reiche Frau, ein reicher Mann leicht zu einem armen Menschen mit viel Geld werden. Umgekehrt kann eine ärmere Person reicher sein als jemand mit einem noch so großen Vermögen. Die ärmere Person kann eine höhere Lebensqualität und Zufriedenheit genießen oder besser schlafen und öfter lachen.

Jeder ist seines Glückes Schmied – zumindest in unseren westlichen Demokratien. Sie haben die Wahl, wie hoch Sie die Latte für Ihren materiellen Reichtum legen. Wählen Sie ein Niveau, das Sie glücklich und zufrieden macht. Es wäre schade, wenn Sie sich beim geflügelten Wort aus der Ballade *»Der Zauberlehrling«* von Johann Wolfgang von Goethe (1749–1832) wiederfinden: *»Die ich rief, die Geister, werd ich nun nicht los.«*[77]

Kapitel IV

Das krisenfeste Unternehmen

Im vierten Kapitel behandeln wir eine breite Palette von Themen, welche die Resilienz Ihres Unternehmens stärken. Wir ziehen so mancher Illusion, wie zum Beispiel der Zukunftsforschung, den Zahn. Zudem holen wir die Möglichkeiten rund um die Strategieplanung zurück auf den Boden des Sinnvollen. Ferner betrachten wir den Unterschied zwischen Innovation und Schein-innovation. Wir erörtern wichtige Fragen zum Handling von Krisen und zeigen Möglichkeiten für ein stimmiges Krisenmanagement auf. Und nicht zuletzt geht es um die spannende Frage der guten Führung und ob die Menschenwürde dabei hilfreich oder hinderlich ist.

1. Das chinesische Märchen

Kaum jemand kommt durchs Leben, ohne irgendwann mit der Frage konfrontiert zu werden: »*Wie wird die Zukunft aussehen?*« Schon in der Bibel, aber auch in allen großen klassischen Religionen des Altertums, in Mythen, Märchen, Sagen und in der Weltliteratur gab es immer wieder Propheten, die behaupteten, die Zukunft vorhersagen zu können. Ob Wahrscheinlichkeitsrechnung, Statistik, Big Data Science oder künstliche Intelligenz: Heute nutzen wir moderne Forschungswerkzeuge, um die Zukunft vorherzusagen.

Wer kennt schon die Zukunft?

Das Berüchtigte an Prognosen und Prophezeiungen ist, dass sie eintreffen können oder auch nicht. Sich der Zukunft rational zu nähern, klingt wissenschaftlich seriös, geht aber oft schief. Warum? Weil die Zukunft auch im Zeitalter des Quantencomputers nicht berechenbar ist. Deshalb weiß niemand nur ansatzweise, was die Zukunft tatsächlich bringen wird. Es kann eben niemand faktisch oder rechnerisch in etwas von morgen, nämlich die Zukunft, hineinsehen, das es heute noch gar nicht gibt. Die Zukunft enthält zu viele und vor allem zu viele unbekannte Faktoren. Sie wird mitbestimmt durch den freien Willen eines jeden Erdenbewohners, durch Naturgewalten wie Wetter, Vulkane, Erdbeben, Viren, Asteroiden, ja sogar durch jedes Molekül und Atom. Die Komplexität ist unendlich.

In der Chaostheorie[78] ist der Schmetterlingseffekt ein bekanntes Phänomen. Dieser äußert sich darin, dass bereits kleinste Änderungen der Anfangsbedingungen dazu führen können, dass die weitere Entwicklung eines komplexen Systems nicht mehr vorhersehbar ist.[79] Der Begriff geht zurück auf den US-amerikanischen Mathematiker und

Meteorologen Edward Norton Lorenz. Als er 1961 an der Computer-simulation von Wettervorhersagemodellen forschte, unterlief ihm ein kleiner Fehler: Bei einer Wiederholung setzte er in eine Variable seiner Formel anstatt der Zahl 0,56127 nur 0,56. Er stellte überraschend fest, dass diese minimale Veränderung zu einem komplett anderen Ergebnis führte. Lorenz erkannte, dass dieses Phänomen auf eine unendliche mathematische Komplexität hinwies, die niemals zum selben Ergebnis führt. Das war der Beginn der »Chaostheorie«. Der »Schmetterling« kam Lorenz in den Sinn, weil die Computergrafik der Simulation so ähnlich aussah. Weltberühmt machte er diese Erkenntnis durch sei-nen Vortrag mit dem Titel »*Predictability: Does the Flap of a Butterfly's Wings in Brazil set off a Tornado in Texas?*«, den er 1972 vor der AAAS (American Association for the Advancement of Science) hielt.[80] 1991 bekam Lorenz den Kyoto-Preis für Grundwissenschaften. Im Zuge der Preisverleihung wurde seine Chaostheorie »*als eine der dramatischs-ten Veränderungen in der Sicht der Menschheit auf die Natur seit Sir Isaac Newton*«[81] gewürdigt.

Mathematik reicht nicht

Keine andere Spezies als der Mensch versteht es schon seit Abertau-senden von Jahren so gut, dass bestimmte Dinge andere Dinge be-einflussen. Aus dieser Erkenntnis und der einfachen Frage nach dem Kausalschluss, dem Warum, entstand unsere moderne Welt. Statis-tiker beschäftigen sich bereits seit Jahrzehnten mit dem Thema der Kausalität. Dennoch fehlt uns bis heute eine leistungsfähige Ma-thematik für kausale Schlussfolgerungen.[82] Die Kausalität ist daher auch die nächste Grenze für die künstliche Intelligenz.[83] Derzeit sind KI-Algorithmen zwar gut im Finden von Mustern, Korrelationen und Assoziationen, aber mangels Kausalschluss können sie uns keine ver-bindlichen Antworten auf Fragen wie »*Hat dies das verursacht?*« oder »*Was würde passieren, wenn ich dies oder jenes täte?*« geben.[84] Aber auch wenn diese Hürde genommen wäre, stellte schon Sir Isaac Newton (1643–1727), der berühmte englische Physiker, Astronom und Ma-thematiker, im 17. Jahrhundert fest:»*Logisches Analysieren, Denken und Rechnen bei komplexen dynamischen Systemen, bei Dingen, die sich im Laufe der Zeit ständig verändern, kann nicht funktionieren. Denn die Funktions-*

weise von etwas Lebendigem lässt sich nicht allein mit der Ursache-Wirkungs-Logik erklären.«[85]

Es gibt unendlich viele Prognosemöglichkeiten. Oft sind sie völlig widersprüchlich – je nachdem aus welcher Perspektive und wie weit man in die Zukunft »blickt«. Wie wir vom Schmetterlingseffekt wissen, hängen die Prognosen zudem davon ab, mit welchen Daten man ein Berechnungsmodell füttert. Auch deshalb ist eine verlässliche Vorhersage für längere Zeiträume, selbst für wenige Monate oder Jahre, schlicht eine Illusion. Das heißt: Langfristige Prognosen sind bestenfalls zufällig richtig, aber nicht generell korrekt. Wahrscheinlich sind sie unzuverlässig oder sogar falsch! Denn die Zukunft ist schlicht nicht berechenbar! Diese nüchterne, bodenständige Erkenntnis sollte sich jede Unternehmerin und jeder Unternehmer stets vor Augen halten, um sich vor hochtrabenden Prognosen, Illusionen und Selbsttäuschungen zu schützen.

Auch Zukunftsforscher haben keine Kristallkugel

Die Zukunftsforschung bedient das Bedürfnis der Menschen nach Kontrolle. Aber etwas Unbekanntes wie die Zukunft ist nicht kontrollierbar. Auch die Zukunftsforscher können sie unmöglich kennen. Dennoch liefern die Forscher das eine oder andere »konkrete« Szenario und vermitteln so den Eindruck, dass man die Zukunft immerhin vermeintlich kennen würde. Und schon scheint die Entwicklung besser einschätzbar und damit auch kontrollierbar zu sein.

Allerdings sollten wir nicht vergessen, dass wir ausschließlich in der Gegenwart leben. Nur sie gehört uns. Und nur im Hier und Jetzt können wir die Zukunft beeinflussen. Wer die Gegenwart nicht lebt, weil sie das unbequeme, unbefriedigende Zwischenstadium zwischen Vergangenheit und Zukunft ist, der erreicht nichts! Der ist nur halb da. Er lässt sich aus der Gegenwart entwurzeln und versucht verzweifelt, sich in die unerreichbare Zukunft zu verpflanzen. Aber von der Gegenwart aus ist und bleibt in der Zukunft alles noch theoretisch, tendenziös, virtuell, aber nicht real. Daran ändert auch die Zukunftsforschung nichts. *»Denn erstens kommt es anders, zweitens, als man denkt!«*, das wusste bereits Wilhelm Busch (1832–1908).[86]

Europa verliert den Anschluss!?

Ob Forschung, Start-ups, künstliche Intelligenz, Quantencomputing, Biotech oder Greentech: Immer wieder hören und lesen wir, dass wir in Europa gegenüber den USA und China den Anschluss, den Einfluss und die Bedeutung in der Welt verlieren. Deshalb verlangen viele besorgt, fast panisch, dass wir noch mehr öffentliche Mittel mit der Gießkanne verteilen oder Unmengen an Geld und Ressourcen in Universitäten und Start-ups pumpen müssten. Nur so könnten wir den Rückstand aufholen und die USA und China wieder überholen. Es geht also wieder um die »Wer-wen-Frage?« Wer hat die Nase vorn? Wer macht die neuesten Entdeckungen? Wer bringt die tollsten Entwicklungen auf den Markt?

Ich kann Sie beruhigen. Letztlich kann niemand sicher sein, dass er, nur weil er heute an der Spitze steht, morgen auch noch dort sein wird. Immer wieder hört man Aussagen wie: *»Jetzt überholen uns die Chinesen – das ist so sicher wie das Amen in der Kirche!«* Das kann man so sehen, muss man aber nicht. Wer kann denn heute ernsthaft behaupten, dass er genau weiß, was in zehn Jahren sein wird? Das wäre nur eine kühne Projektion – ein chinesisches Märchen eben!

Kennen Sie das chinesische Märchen?

Kennen Sie das chinesische Märchen? Es lautet: *»Langfristige Strategien, 10-, 20- oder 50-Jahrespläne sind das beste Erfolgsrezept!«* Die Begründung: In Demokratien gibt es keine 50-Jahrespläne, weil immer wieder andere Politiker, andere Parteien in die Regierung gewählt werden. Doch das würde die Demokratien lähmen. Deshalb würde es mit den Demokratien den Bach hinuntergehen. Und genau deshalb sei China das Erfolgsmodell schlechthin. Das ist chinesische Propaganda – das ist das chinesische Märchen!

Das Lied der Diktatur

Die Wahrheit ist: Man kann 10-, 20- oder 50-Jahrespläne machen. Nur die funktionieren nicht. Ganz einfach, weil die Welt zu dynamisch, zu groß, zu komplex ist. Früher haben viele Staaten in Europa mit Gas aus Russland geplant – und zwar für die nächsten 50 Jahre. Auch das hat nicht funktioniert. Das war Ende Februar 2022 innerhalb von nur einer Woche Makulatur. Wir wissen einfach nicht, was sich die Natur in den nächsten Jahren einfallen lässt, was das Klima wirklich macht, was den großen Diktatoren in den Sinn kommt oder wie sich Demokratien entwickeln. Dennoch sagen viele: »*Wir müssen langfristige Planungen machen!*« Wahrscheinlich sind sie dem chinesischen Märchen aufgesessen. Sie singen das Lied der Diktatur, die mit ihren langfristigen Planungen ihr Volk darauf einstellt, dass es die nächsten 50 Jahre bei ihrer Herrschaft bleibt. Nur so ginge es allen gut und nur so sei das Leben wunderschön.

Das ist der Wunschtraum des Diktators: Machterhalt für sich und seinen ganzen Clan, seine Enkel und Urenkel. Tausendjährige Reiche allüberall. Doch das ist sicherlich kein Erfolgsmodell. Und es ist nichts, was ein Mensch, der die Freiheit, Selbstverwirklichung, Menschenwürde und Demokratie schätzt, vertreten sollte!

Niemand – ob Privatmann, Regierungschef oder Diktator – hat in Wirklichkeit ein fundiertes, gesichertes Wissen über das, was morgen sein wird. Deswegen gibt es auch keinen verlässlichen, unumstößlichen Plan. Vielmehr gilt der schöne Satz von Blaise Pascal (1623–1662), dem französischen Mathematiker, Physiker und Philosophen: »*Wenn du Gott zum Lachen bringen willst, erzähle ihm von deinen Plänen!*«[87]

Was aber sollten wir tun?

Die ganzen Prognosen und Vorhersagen haben noch nie funktioniert. Wir können morgens noch nicht einmal die Aktienkurse des Abends treffsicher vorhersagen. Wie also sollte das bei der Komplexität einer Volkswirtschaft oder der ganzen Welt auf Jahrzehnte möglich sein? Das haben wir zum Beispiel bei der Finanzkrise 2008 gesehen, bei der

Covid-Pandemie und noch dramatischer bei Putins Angriffskrieg auf die Ukraine. Was also können wir tun? Wir sollten das verfolgen, was wir im Moment als unsere Stärke sehen, bei dem wir Vorreiter sind oder werden wollen. Was uns Freude macht, was uns liegt, was zum Zeitgeist passt und sich gut umsetzen lässt.

Achten wir nicht auf das, was die anderen tun. Achten wir lieber auf uns selbst und vor allem darauf, dass wir einzigartig werden, beispielsweise mit unserer speziellen Art von Innovation, Kultur, Strategie und Vernetzung oder mit emissionsfreier Mobilität, Ressourcenschonung, alternativer Energiegewinnung, Ingenieurskompetenz oder nachhaltigen Smart Citys. Und dabei kooperieren wir mit Ländern, Industrien, Branchen und Wissenschaftsbereichen, die mitmachen wollen, um unsere Ziele mit Qualität und Nachhaltigkeit zu erreichen. Alle anderen können das machen, wie sie wollen. Die tun das sowieso.

2. Über den Unsinn von strategischen Planungen

Um strategische Fragen zu klären, investieren Unternehmen – zusätzlich zu internen Anstrengungen und Aufwendungen – jährlich viele Milliarden Euro in Beratung. Bei der Strategieberatung geht es meist um die drei Kernfragen:

1. »*Wo stehen wir im Moment?*«
2. »*Was möchten wir erreichen?*«
3. »*Wie kommen wir dorthin?*«

Aus den Analysen und Antworten auf diese Kernfragen werden Pläne entwickelt. Diese Pläne sollen die langfristigen Unternehmensziele – trotz bestenfalls nur vermuteter Rahmenbedingungen – realisierbar machen. Doch zahlreiche Studien belegen, dass rund 70 Prozent aller strategischen Planungen und Initiativen scheitern oder gar nicht erst umgesetzt werden.[88] Bereits in den späten 1970er-Jahren stellten die beiden israelischen Kognitionspsychologen, der Nobelpreisträger Daniel Kahneman (geb. 1934) und Amos Tversky (1937–1996), langfristige Planungsprozesse infrage. In ihrer Theorie zum Planungsfehlschluss – einem Grundstein der heutigen Verhaltensökonomie – kamen die Wissenschaftler zu dem Schluss, dass Menschen und Organisationen generell dazu neigen, Zeit, Kosten und Risiken zukünftiger Handlungen zu unterschätzen und deren Nutzen zu überschätzen.[89]

Viele weitere Gründe werden für das weitgehende Scheitern der traditionellen Strategieplanung angeführt: unklare Visionen, organisatorische Trägheit, unterschätzte Umfelddynamiken, nachlässige Analysen oder mangelnde Managementdisziplin. Dennoch sind Zukunftsforschung, Strategieberatung und Strategieentwicklung nach wie vor ein gutes Geschäft. Das macht bis zu einem gewissen Grad auch Sinn. Allerdings nur, solange man nicht irrtümlich davon ausgeht, dass das, was man vermeintlich über die Zukunft weiß, tatsächlich kontrollierbar und sicher sei.

Jeder Unternehmerin, jedem Unternehmer und jedem Manager sollte glasklar bewusst sein, dass jegliche Zukunftsbetrachtung nur Planspiele, Annahmen, Vermutungen und Wahrscheinlichkeiten sind und keinesfalls mehr. Jedenfalls keine Realität. Auch dann nicht, wenn die Prognosen von noch so renommierten Markt- und Zukunftsforschern oder Strategieplanern kommen. Denn dieser Beraterzunft könnte man durchaus vorwerfen, dass sie wissen oder wissen müsste, dass sie keine Sicherheit bieten kann, es aber meist nicht klipp und klar sagt.

Die Vorstellung, Erfolg sei verlässlich planbar, ist Unsinn!

Es gibt viele Denkfehler in Bezug auf die Erwartungen an Strategien und auf das Thema Strategie im Allgemeinen. Der erste und größte ist zu glauben, Erfolg sei planbar. Erfolg kann visualisiert werden, ja. Aber Erfolg folgt nicht notwendigerweise einer Berechnung. Genau deshalb ist schon die Idee unsinnig, zu meinen, Erfolg sei irgendwie logisch ableitbar oder gar mit irgendwelchen Tricks berechenbar und planbar. Also Input A + Finanzierung B + Produkt C = soundsoviel Erfolg in drei, fünf oder sieben Jahren oder soundsoviel Wachstum, Geschäft, Gewinn oder Marktdominanz für mein Unternehmen. Das funktioniert nicht, weil der Markt eine letztlich abstrakte Dimension ist, die ständig hin und her wabert wie Wackelpudding. Der Markt verhält sich nicht so kongruent und erklärbar, wie man es gerne hätte, da sein maßgebliches Element Menschen sind und keine Marionetten.

Und noch ein Denkfehler

Ein weiterer Denkfehler ist die Annahme, ein nach standardisierten Managementtheorien entwickeltes Strategiekonzept sei das Nonplusultra. Wenn man etwa weltweit Tempotaschentücher verkaufen will, dann ist die Ausgangslage für das Strategiekonzept »*ein einziger Taschentuchtyp für alle Nasen*«. Das heißt: Alle Altersgruppen, vom 1-Jährigen bis zum 100-Jährigen, können das gleiche Taschentuch benutzen. Die Nasen sind ergonomisch und anatomisch mehr oder weniger gleichartig; das Schnäuzen ist in allen Kulturen ein ähnlicher Vorgang. Es braucht eine Bewerbung und Strategie, die genau das deutlich macht. Und dann kann man das Taschentuch noch mit oder ohne Duft anbieten, mit oder ohne Blümchen-Aufdruck. Die Hauptsache ist, dass es die Grundeigenschaften aufweist: weich und reißfest zugleich.

Wenn Sie hingegen Dressursättel mit langen Pauschen verkaufen wollen, haben Sie ein sehr spezielles Produkt für eine sehr spezielle Klientel. Das ist eine Nische in der Nische. Dafür ergibt eine Breitenstrategie überhaupt keinen Sinn. Denn 99 % der Menschen haben überhaupt kein Interesse an dem Produkt, wissen vermutlich gar nicht, was das ist. Und das eine Prozent, das Sie ansprechen wollen, erreichen Sie effektiver mit einer ganz eng gefassten, gezielten Beharrlichkeit. Das heißt: Sie bleiben viele Jahre stur dabei, Ihre Sättel herzustellen. Selbst wenn es Jahre dauert, bis irgendwann jemand, der Ihre Sättel gekauft hat, damit Weltmeister wird. Dann sind Sie in aller Munde. Dazu ist es wichtig, sich nicht ständig zu verändern, sondern stoisch wie ein Esel bei seiner Linie zu bleiben. Tempotaschentücher oder Dressursättel erfordern also ganz unterschiedliche Strategien. Das bedeutet:

1. Erfolg funktioniert nach anderen Gesetzen – jedenfalls, wie die Fakten belegen, mehrheitlich nicht nach strategischer Planung.[90]
2. Die Strategie muss schon grundsätzlich zum Produkt bzw. zur Dienstleistung passen.
3. Am besten verlässt man sich auf seinen gesunden Menschenverstand, auf das natürliche Urteilsvermögen, auf die eigene Erfahrung und auf belastbare Referenzerfahrungen anderer. Hat man es mit vielen, gar internationalen Märkten zu tun, sollte man zudem auf kollektive Intelligenz, auf Crowdsourcing zurückgreifen, wie

im Buch *»Open Strategy: Mastering Disruption from Outside the C-Suite«* beschrieben.[51]

Klären Sie also konkret:

- *»Was mache ich bzw. was will ich machen?«*
- *»Wie viel Aufwand ist damit verbunden?«*
- *»Will mein Angebot jemand? Gibt es überhaupt eine Nachfrage dafür oder bin ich imstande, sie zu wecken?«*
- *»Wem nützt mein Angebot und wie konkret?«*
- *»Kann ich es zu einem vernünftigen Preis-Leistungs-Verhältnis anbieten und somit Geld verdienen?«*
- *»Gibt es schon andere Anbieter in diesem Segment?«* Wenn ja, muss das Angebot in irgendeiner Hinsicht attraktiver oder komplementär sein. Es darf ruhig teurer sein, wenn es moderner, exklusiver, individueller, besser oder sinnvoll erweitert ist.

Das sind die Kernfragen. Daran hat sich seit Jahrtausenden nichts geändert. Die Beantwortung dieser Fragen sollten Sie nicht delegieren. Natürlich können Sie sich dabei helfen lassen. Aber es ist ein wichtiger Reflexionsprozess. Es gilt herauszufinden:

»Ist das, was ich mache, Quatsch? Völlig überflüssig und noch dazu schlecht und teuer? Oder ist es in irgendeiner Weise nützlich, sinnvoll, hilfreich und bietet es noch dazu ein gesundes Preis-Leistungs-Verhältnis?«

Wenn Sie zu dem Ergebnis kommen, dass es ein erfolgreiches Angebot sein könnte, dann schätzen Sie ab, wie viele Menschen so etwas brauchen könnten. Nun kommt der nächste Schritt zur Abklärung. Gehen Sie zu potenziellen Kunden und Kundinnen und fragen Sie:

- *»Könnten Sie ein selbst anzündendes Streichholz brauchen?«*
- *»Wenn ja, würden Sie es kaufen?«*
- *»Zu welchem Preis?«*

Nehmen wir an, die Kunden wären bereit, fünf Cent zu zahlen. Dann ist die Frage, ob Sie das Produkt für drei oder vier Cent herstellen und so noch einen Gewinn von einem oder zwei Cent machen können. Und wenn es Sie zwei Euro kostet, das Produkt herzustellen, und Sie es nur für fünf Cent verkaufen können? Dann lassen Sie es! Oder Sie gehen zurück an den Start. Überlegen Sie, ob es möglich ist, das Produkt, die Bezugsquellen oder die Herstellungsverfahren entsprechend anzupassen.

Keine Nachfrage ohne Bedürfnis

Bitte denken Sie nicht, Sie könnten den Markt an das Produkt anpassen. Gehen Sie vielmehr davon aus, dass Ihr Produkt einen Markt bedienen sollte, der bereits existiert. In Wirklichkeit hat noch nie ein Produkt Erfolg gehabt, das einen Markt geschaffen hätte, wo vorher kein Bedürfnis vorhanden war. Allerdings glauben viele, dass dies beim Handy oder beim Smartphone der Fall gewesen sei. Ja, früher gab es weder Handys noch Smartphones. Aber sie sind nur eine Weiterentwicklung des Telefons und bedienen das uralte Bedürfnis, auch über Distanzen hinweg zu kommunizieren. Nicht umsonst hat Steve Jobs 2007 bei der Präsentation des iPhone gesagt: »*Apple is going to reinvent the phone!*«[92] Er hat also nicht davon gesprochen, dass Apple das Telefon erfunden hat. Vielmehr hat Steve Jobs betont, dass Apple das Telefon *neu*-erfunden hat.

Gute Menschenkenntnis ist der Schlüssel

Egal, ob man ein Start-up gründen will oder ein etabliertes Unternehmen betreibt: Das Wichtigste überhaupt ist die Menschenkenntnis! Sie ist es, die einem hilft zu verstehen, welches Bedürfnis mit einem Produkt letztlich befriedigt werden soll. Es geht immer um Fragen wie diese:

- »*Wie ticken die Menschen?*«
- »*Was tun und was wollen sie?*«
- »*Was wollen sie nicht?*
- »*Was wollen sie umgehen oder vermeiden?*«
- »*Welchem Archetyp gehören meine Zielgruppen an?*«

Bleiben Sie realistisch. Es hilft nichts, davon zu träumen, wie die Menschen sein sollten, damit sie besser, friedlicher oder umweltfreundlicher sind. Man muss sich sagen: »*Die Menschen sind so, wie sie sind. Und das analysiere ich und auf diese Bedürfnisse gehe ich ein.*« Nur wenn das Angebot der Realität und den Bedürfnissen der Menschen entspricht, wird man erfolgreich sein. Es geht also immer darum zu klären, welches menschliche Bedürfnis einer klar umrissenen Zielgruppe man mit seinem Angebot befriedigt. Anschließend fächert man das Ganze auf und schaut, ob man für diese Zielgruppe nur das zentrale Bedürfnis, das gesamte, breite Spektrum oder durch Spezialisierung lediglich bestimmte Randbereiche bedienen kann.

Der Markt ist nur ein Konstrukt

Es ist auch wichtig zu verstehen, dass der Markt an sich nur eine konstruierte Größe ist. Der Markt ist etwas, das schlussendlich niemand wirklich versteht. Er ist ein Chamäleon, das sich ständig ändert, von jeder Warte anders aussieht und letztlich völlig unberechenbar ist. Morgen, wenn Sie aufwachen, ist er schon wieder etwas anders als heute.

Übrigens: Es ist nicht ratsam, mit Produkten, Dienstleistungen, Handelsplätzen und Kulturen anzufangen, von denen man nichts versteht! Sie werden selbst mithilfe von Marktforschung die indigenen Völker aus Grönland kein bisschen besser verstehen als vorher. Das schöne Sprichwort »*Schuster, bleib bei deinem Leisten!*« gilt hier als wertvolle Orientierung. Es soll nicht begrenzen, sondern absichern. Dort, wo man sich auskennt, fängt man an und wagt sich erst später Schritt für Schritt in das Abenteuer des Fremden.

Businessplan – Planung für Start-ups

Nach all den vorangehenden Abhandlungen werden sich vor allem Gründer fragen: »*Ja, welchen Sinn haben dann noch Businesspläne?*« Der zu Beginn dieses Buchs bereits erwähnte US-Ökonom Carl J. Schramm hält nichts von Businessplänen für Start-ups. In seinem Buch »*Burn*

the Business Plan« warnt er davor, die üblichen Strategielehren für Neugründungen anzuwenden, da diese in erster Linie für große, etablierte,
meist börsennotierte Unternehmen entwickelt wurden und nicht für
die ersten, meist chaotischen Jahre eines Start-ups.[93]

Sind Businesspläne wirklich nutzlos? Ja und nein. Derjenige, der
einen Businessplan erstellt, hat sich zumindest schon einmal sehr
konkrete Gedanken gemacht. Das ist auch wichtig im Hinblick auf
potenzielle Geldgeber. Die wollen vor allem zwei Dinge wissen:

1. Hat sich die Jungunternehmerin oder der Jungunternehmer
   wirklich konkret mit der Geschäftsidee beschäftigt?
2. Wie ernst ist diese Person als Unternehmer oder Unternehmerin
   zu nehmen?

Der Businessplan gibt dem Geldgeber nicht so sehr Auskunft über die
tatsächliche Zukunftsentwicklung. Ein kluger Finanzier, ein Banker
oder Investor weiß das auch. Aber der Businessplan gibt ihm Auskunft
über sein Gegenüber: Hat der Gründer oder die Gründerin eine realis-
tische Vorstellung, wie viel Zeit das alles in Anspruch nehmen wird?
Welche Kosten das alles verschlingen wird? Welches Marktpotenzial
es gibt? Hat er oder sie sauber recherchiert, analysiert, die Dinge
durchdacht, geplant? Das ist der eigentliche Sinn des Businessplans.
Gleichzeitig gilt natürlich auch hier: »*Wenn du Gott zum Lachen bringen
willst, erzähle ihm von deinen Plänen!*«[94]

Es gibt gerade für Gründerinnen, Gründer und Start-ups kaum einen
Plan, der das Papier wert ist, auf dem er steht. Schließlich kann jeden
Tag alles anders sein. Wahrscheinlich wird es das auch sein. Aber das
macht nichts. Denn so wird der Businessplan zum *Businessplanspiel.*
Und jeder weiß das. Es wird nur nicht offen ausgesprochen. Doch je
realitätsnäher dieses Businessplanspiel ist, desto eher wird ein Geldgeber sagen: »*Das sieht alles nachvollziehbar und gut aus. Die Finanzierung
machen wir!*« Der Geldgeber sichert sich über diesen Businessplan ab
und deswegen benötigt man einen. Mit etwas Humor kann man nach
einer gelungenen Finanzierung eine Kopie des Businessplans symbolisch zerreißen, ein Glas Champagner darauf trinken und sich sagen:
»*Das war ein schönes Spiel und wir haben dabei sogar etwas gelernt!*«

3. Innovation: Lurche in der Sahara züchten?

Innovation kommt vom lateinischen »innovare«. Das bedeutet »etwas erneuern«.[95] Heute sprechen viele davon, ein Problem durch Innovation zu lösen. Im engeren Sinne ist etwas erst dann eine Innovation, wenn daraus ein Produkt oder eine Dienstleistung entstanden ist, die vom Markt akzeptiert und erfolgreich eingesetzt wird. Das Wunderbare ist, dass jeder innovativ sein kann, wenn er nur will. Man kann jeden Tag eine neue Idee haben, etwas Neues machen, etwas Neues erfinden – seien es Kleinigkeiten oder manchmal auch Dinge, die vielleicht bahnbrechend werden. Drei Aspekte sollten Sie dabei unbedingt hinterfragen:

1. Ist der Vorteil der Innovation attraktiv? Überzeugt der wahrgenommene Kundennutzen?
2. Lässt sich die Innovation in ein erfolgreiches Geschäft umsetzen?
3. Handelt es sich um eine Innovation, die auch anderen, der Gemeinschaft, der Welt nützt? Oder ist es eine Pseudoinnovation mit negativen Nebenwirkungen, Kollateralschäden, die nicht adäquat abgefedert werden können und deshalb eine Rechtfertigung der Innovation als nützlich und nachhaltig zunichtemachen?

Pseudoinnovationen

Wenn eine Innovation nicht genügend Vorteile oder sogar sehr viele Nachteile hat, wird leider oft Folgendes gemacht: Es wird versprochen, dass es gewisse Vorteile geben wird oder gibt. Aber es wird nicht klar gesagt, für wen. Dann denken viele: *»Das sind die Vorteile, die auch ich erwarten kann!«* Tatsächlich profitieren allerdings nur sehr wenige von diesen Vorteilen. Für die meisten gibt es keine Vorteile oder sogar gravierende Nachteile. Und bis das alle gemerkt haben, ist der Schaden schon angerichtet. Die Kernfrage ist also:

»Für wen bringt die Innovation das Gute, Nützliche und Schöne, das man sich darunter vorstellt? Und für wen bringt sie wenig, gar nichts oder sogar das Gegenteil?«

Anhand dieser Frage ist zu beurteilen, ob und für wen die Innovation sinnvoll und nützlich ist oder ob es nur eine Pseudoinnovation ist. Und hier liegt der Hase im Pfeffer. Denn wie uns die Geschichte immer wieder zeigt, sind manche gut gemeinten Innovationen tatsächlich durchaus gut geworden. Andere aber sind in die Hose gegangen. Manche Innovationen erschienen zunächst als große Erfolge, als bombastische Lösungen, waren dann aber leider die Ursache noch viel größerer Probleme. Und manches wirkte sogar regelrecht bahnbrechend und erst viel später wurden die horrenden Kollateralschäden der vermeintlich großartigen Innovation erkannt.

Denken, ohne nachzudenken

Mit einer schnell erdachten Innovation löst man zwar möglicherweise ein Problem, häufig aber entstehen dadurch jede Menge neuer Probleme. Die Wissenschaft spricht dabei von *»Effekten zweiter und dritter Ordnung«*.[96] Sie sind es, die es uns so schwer machen, die Dinge richtig einzuschätzen. Und darin lauert die Gefahr.

Unter Effekten erster Ordnung versteht man die unmittelbaren Ergebnisse und Auswirkungen einer Entscheidung. Effekte zweiter Ordnung sind die längerfristigen Auswirkungen. Effekte dritter Ordnung zeigen sich oft weitverzweigt, erst später und ganz anders als erwartet. Vorhersehbar sind sie auf den ersten Blick selten. Unser Denken ist zu unterkomplex. Deshalb erfordern sinnvolle, verantwortungsvolle, nachhaltige Innovationen Zeit, eine klare Analyse und sorgfältiges Nachdenken. Dadurch geht die Umsetzung etwas langsamer voran, schafft aber weniger neue Probleme. In der heutigen Hektik und Schnelligkeit werden die Dinge jedoch nicht mehr richtig durchdacht. Man wirft nur schnell einen Scheinwerfer kurz hierauf und eventuell noch einen anderen darauf. Aber kaum etwas wird zu Ende gedacht.

Das ist mühsam und langwierig – und unsere Zeit mag weder Mühe noch Langsamkeit. Deshalb schaut man allzu oft nur oberflächlich, was eine Innovation bringt, und findet sie im Handumdrehen toll. Aber dass jemand wirklich intensiv darüber nachdenkt, was eine Innovation auf lange Sicht tatsächlich bringt und welche negativen Folgen sie möglicherweise haben könnte, das fehlt häufig.

Auch wenn es um Innovationen geht, braucht es das Fragespiel: *»Wer-wen?«* Zudem sollte man sich fragen: *»Was wäre, wenn …?«, »Was ist, wenn das so ist? Was passiert dann mit dem und dem und dem …?«.* Und wenn dabei Schwachstellen, Nachteile und Probleme deutlich werden? Dann sollte man nichts überstürzen. Vielmehr sollte man sich Zeit nehmen und überlegen, ob die Innovation noch modifiziert werden muss. Es liegt in der Natur der Sache, dass wirklich gute Innovationen und Problemlösungen eine gewisse Langsamkeit erfordern und dass das Denken vom Nachdenken begleitet wird. Überstürzte Innovationen helfen und retten uns nicht, das haben sie noch nie getan.

Genie oder Dummkopf?

Start-ups stehen heute per se im Rampenlicht der Innovation. Warum so viele scheitern? Ein wesentlicher Grund liegt meiner Erfahrung nach darin, dass das Thema Innovation gerade für junge Unternehmer und Unternehmerinnen schwierig ist, da sie in der Regel über wenig Praxiserfahrung verfügen. Um diesen Mangel an Erfahrung auszugleichen, brauchen sie kompetente Mentoren oder zumindest den Blick über den eigenen Tellerrand und eine solide Vorabrecherche, um zu klären:

> *»Gibt es in meiner Branche irgendwo auf der Welt schon jemanden, der damit erfolgreich war oder ist, oder gibt es ähnliche Anbieter? Wenn ja, was machen die Erfolgreichen und wie gehen sie vor?«*

Und möglichst auch noch herauszufinden: *»Was haben diejenigen gemacht, die nicht erfolgreich waren? Warum und woran sind sie gescheitert? An welchen Umfeldbedingungen oder möglicherweise auch an sich selbst?«* Wenn Sie mit Ihrer Innovation, Ihrer Idee wirklich der Erste sind, der in dem Segment etwas macht, dann gibt es die spannende Frage zu klären: »*Bin ich der Erste, weil ich so genial bin oder bin ich der Erste, weil ich so unbedarft oder naiv bin?*« Diese Frage ist sehr genau zu prüfen! Falls Sie etwa mitten in der Sahara Lurche züchten wollen, macht das wahrscheinlich noch keiner, weil es nicht geht. Dann wären Sie nicht der erste Geniale, sondern eher der erste »Dumme«. Sind Sie dennoch fest davon überzeugt, dass Sie der erste Geniale sind, dem es gelingen kann, Amphibien in der Sahara zu züchten? Dann sollten Sie sehr genau überlegen, was benötigt wird, damit dieser Geniestreich tatsächlich den gewünschten Erfolg bringt. Vielleicht brauchen Sie vollkommen undurstige Lurche. Oder Sie haben eine Wasseralternative, die bislang nur Sie in der Sahara entdeckt haben. Dann könnte Ihr Vorhaben eventuell doch gelingen. Ansonsten lassen Sie besser die Finger davon. Sagen Sie sich: »*Ich wäre hier wohl der Erste und Einzige am Markt, einfach, weil es nicht geht!*« Schauen Sie also ganz genau hin! Und wenn Sie es doch durchziehen wollen? Dann überlegen Sie: »*Lachen dann alle über mich? Oder wird den anderen eines Tages wirklich der Mund offen bleiben vor Staunen und Bewunderung?*«

Es geht nur um den wahrgenommenen Kundennutzen!

Die Erfahrung zeigt, dass Menschen Innovationen nur dann annehmen, wenn sie einen Vorteil davon haben. Ein Vorteil, der auf der Hand liegt. Das heißt: Wenn man jemandem klarmachen kann, dass er mit dieser Innovation Arbeitszeit spart, Kosten senkt, mehr Geld verdient oder sich weniger anstrengen muss. Kurzum: *Alles, was etwas schöner, leichter, angenehmer, profitabler oder vorteilhafter macht, das interessiert die Leute!* Letztlich ist der Kundennutzen – abgesehen von völlig irrationalen Hypes – fast immer das zentrale Element, um das es bei einer Innovation geht. Sei es im B2C- oder im B2B-Geschäft: Der Erfolg einer Innovation am Markt basiert auf dem »*wahrgenommenen Kundennutzen*«. Allerdings entscheidet ausschließlich die Sicht des Kunden und dessen Wahrnehmung über den Nutzen – und nicht Ihre Meinung als Anbieter. Und Vorsicht! Hier ist eine gewisse Nüchternheit anzuraten. Viele Studien haben gezeigt, dass rund 70 % der Innovationen in Bezug auf die Steigerung des Kundennutzens enttäuschen.[97] Bei digitalen Innovationen ist die Quote sogar noch schlechter.[98]

Nimmt der Kunde einen höheren Nutzen wahr, ist er auch bereit, mehr zu bezahlen. Ist der Nutzen jedoch gering, kann auch nur ein niedrigerer Preis verlangt werden. Das heißt: Der Nutzen bildet die Grundgleichung für Ihren Preis. Das wussten schon die alten Römer. Im Lateinischen heißt *pretium* sowohl *Wert* als auch *Preis*. Somit gilt: Wert = pretium = Preis. Das ist *»eine zeitlos gültige Gleichung der Preisgestaltung«*[99]. Deshalb ist es erfolgsentscheidend, den wahrgenommenen Kundennutzen, den Wert eines Produktes oder einer Dienstleistung für den Kunden, sehr gut zu verstehen. Dazu gehört auch, den tatsächlichen Kundennutzen quantitativ abschätzen zu können. Denn der Preis ist letztlich eine Zahl, ein Betrag und kein warmer Händedruck. Sie müssen also genau wissen, was Sie für Ihre Produkte oder Dienstleistungen verlangen können, was Ihr Angebot dem Kunden wert ist bzw. was Sie eventuell an Ihrem Kundennutzen noch verbessern können, um die Preisbereitschaft des Kunden zu erhöhen.

»Welchen Nutzen bietet Ihre Innovation im Vergleich zum Mitbewerb?« Die Antwort auf diese Frage wird den Ausschlag geben, ob Sie einen höheren oder nur einen geringeren Preis erzielen können. Denn der Markt, also Angebot und Nachfrage, bestimmt den Preis und nicht mehr das alte marxistische Cost-Plus-Pricing.[100] Außerdem sollten Sie rechtzeitig überlegen: *»Wie wird mein Konkurrent auf die Innovation reagieren? Wird er mitziehen? Wenn ja, ab wann? Und falls er das nicht kann, wird er dann möglicherweise seine Preise aggressiv senken? Was machen wir dann?«*

Damit sind wir bei der unabdingbaren Frage, ob Sie mit Ihrem Angebot auch Gewinn machen können oder nicht. Denn Gewinne zu erzielen, ist für jedes Unternehmen eine Frage des Überlebens. Der bereits erwähnte Pionier der modernen Managementlehre, Peter F. Drucker, bringt es auf den Punkt:

»Profit is a condition of survival. It is the cost of the future, the cost of staying in business.«[101]

Das dürfte wohl eine der besten Definitionen für den unternehmerischen Gewinn sein. Und um noch einmal Peter F. Drucker zu zitieren: *»In jedem Unternehmen gibt es zwei – und nur zwei – zentrale Funktionen: Innovation und Marketing. Alles andere produziert nur Kosten.«*[102] Für Peter F. Drucker bedeutet Marketing, den Kundennutzen seines Angebots angemessen zu kommunizieren. Die Kunst besteht darin, den Nerv des wahrgenommenen Kundennutzens zu treffen. Und gerade in Zeiten von Unsicherheit, in denen der Geldbeutel nicht so locker sitzt, sollte man sich bei der Kommunikation des Kundennutzens auf sogenannte harte Fakten konzentrieren und weniger auf Emotionen oder Image oder derlei weiche Vorteile. Also untermauern Sie die konkreten Vorteile Ihres Angebots. Verwenden Sie dabei aussagekräftige Zahlen, die den Kundennutzen belegen.

Wen die Muse küsst

Die Muse der Innovation kann jeden auf unterschiedliche Weise küssen. Es kann ein Geistesblitz, ein Aha-Moment sein, eine Erkenntnis eines Tüftlers, der in seiner Werkstatt oder seinem Labor an einer Verbesserung experimentiert. Oder ein aufmerksamer Menschen erkennt ein Problem und findet durch Nachdenken eine gute Lösung. Die ganze Welt schwimmt in einem Meer von Inspirationen. Es gibt so unendlich viele davon, dass sie für Tausende Jahre reichen würden. Sie sind überall. Machen Sie sich klar: Es gibt auch genug für Sie! Man muss nur offen dafür sein. Deshalb ist es gerade für Unternehmerinnen und Unternehmer so wichtig, immer wieder zu entschleunigen, sich Zeit zu nehmen für andere Dinge und Hobbys. Denn: Wer unter Druck, Stress, Angst und Sorge steht, lässt der Muse kaum eine Chance!

4. Das resiliente Unternehmen

Der offene Umgang mit dem Versagen, dem Scheitern ist in vielen Ländern immer noch ein Tabuthema. Ähnlich verhält es sich mit den vermeintlich erfolgreich geführten Unternehmen, denen es immer nur gut geht, für die es scheinbar keine Krisen gibt. Doch nichts ist im Leben und in der Wirtschaft sicherer, als dass auf gute Tage schlechte und auf schlechte Tage wieder gute folgen. Deshalb sollte sich jede Unternehmerin, jeder Unternehmer rechtzeitig mit den beiden folgenden wichtigen Fragen auseinandersetzen:

1. *»Wie stelle ich mein Unternehmen resilient auf?«*
2. *»Wie bewältigt mein Unternehmen im Fall der Fälle eine Krise erfolgreich?«*

Was ist Resilienz

Grundsätzlich versteht man unter Resilienz die Fähigkeit, sich zu erholen, wieder auf die Beine zu kommen, in einen gesünderen, heileren, besseren oder angenehmeren Zustand zurückzukehren. Es geht also um Erholungsfähigkeit, Regenerationsfähigkeit oder Selbstheilungsfähigkeit. Dies ist sowohl in der Medizin als auch in der Psychologie der Fall.[103] Was auch immer für Krisen passieren, was auch immer jemand an Traumata erlebt:

- Der resiliente Mensch kann sich stabilisieren, bekommt wieder Boden unter die Füße. Er kann seinen Kopf aus der Schlinge ziehen und erreicht einen Zustand der Zufriedenheit und des Wohlbefindens.
- Der nicht resiliente Mensch hingegen bleibt sozusagen gebrochen, »kaputt« oder gar zerstört. Oder er verharrt in der ewigen Opferrolle oder im permanenten Wut- und Rachemodus. Er findet

kaum mehr in einen Zustand der Zufriedenheit und des Wohlbefindens zurück.

Das ist – sehr verdichtet – der Unterschied zwischen dem resilienten
und dem nicht resilienten Menschen. Und das gilt im weitesten Sinne
auch für ein Unternehmen. Es stellt sich also die Frage, welche Strukturen es in einem Unternehmen gibt, die dafür sorgen, dass es Misserfolge, Rückschläge, Fehlschläge, Krisen oder Downs übersteht. Es gibt
eine Reihe von Möglichkeiten, sein Unternehmen resilient aufzustellen. Die wichtigsten haben wir bereits im Kapitel über die klassische
Grundidee des Unternehmertums kennengelernt. Aber es gibt noch
viele andere. Schauen wir uns einige wichtige einmal näher an.

Angemessenes Tempo

Das eine ist, dass Sie Ihr Unternehmen grundsätzlich erst einmal nicht
darauf ausrichten, alles möglichst schnell, möglichst groß, möglichst
erfolgreich zu machen und die Zitrone bis zum letzten Tropfen aus-
zupressen. Vielmehr sollten Sie genau überlegen, wie Sie nicht nur
erfolgreich werden, sondern es auch langfristig bleiben. Anders gesagt: Denken Sie vom Ende her. Allein durch diese Herangehensweise
werden Sie viele Punkte erkennen, die zur Folge haben, dass Ihr Unternehmen möglicherweise zu schnell, zu riskant unterwegs ist und
damit zu kurz springt. Frei nach dem bekannten Sprichwort: »*Speed
kills!*«

Vielbeinigkeit

Überlegen Sie, wie Sie mit einem Markt umgehen, der sich ständig
verändert, den Sie aber dennoch als attraktiv betrachten und langfristig bedienen wollen. Dazu brauchen Sie, nach Ihrer erfolgreichen
Startphase, eine gesunde Diversifikation. Also verschiedene Produkte,
die langfristig tragfähig sind, mehrere Geschäftszweige oder Standbei-
ne, mehrere Vertriebskanäle und Netzwerke. Dann gilt: Wenn das eine
Produkt nicht geht, geht das andere; wenn es in einem Land nicht
geht, geht es in einem anderen. So kann innerhalb des Unternehmens

immer ein Bein das andere auffangen. Das ist wie bei einem Stuhl, der auf vier Beinen steht. Wenn man aber nur auf einem Bein steht, das einem weggeschlagen wird, sieht es mit der Resilienz schlecht aus. Dann kann man sich vielleicht wieder aufrappeln, aber das wird extrem mühsam.

Der Familiengedanke und die Vielfalt im Team

Über allem, was Ihr Team, Ihr Personal betrifft, sollte der Familiengedanke stehen. Das muss kein Blut-und-Boden-Gedanke sein. Vielmehr geht es darum, sich als familienähnliche Gemeinschaft zu verstehen und eine gegenseitige Wertschätzung zu pflegen. Dies erfordert einen menschlichen Umgang über alle Hierarchien hinweg! Das beginnt mit der Vorbildwirkung und der Einstellung des Chefs oder der Chefin. Jede Unternehmerin und jeder Unternehmer sollte wissen:

>*Meine Mitarbeitenden sind nicht nur ›Menschenmaterial‹ oder Zahlen. Sie sind echte, wertvolle Menschen, von denen jeder auf seine Weise unersetzlich ist!«*

Wie bereits erwähnt, kommt es auch auf die richtige Mischung im Team an. Es sollte einerseits aus jungen, motivierten Mitarbeitenden bestehen, denn neue Besen kehren bekanntlich immer gut, bringen frischen Wind. Andererseits braucht es als Gegengewicht alteingesessene, erfahrene Mitarbeitende, die das Unternehmen in- und auswendig kennen und sich damit identifizieren, weil sie damit aufgewachsen sind, manche Familienmitglieder vielleicht schon in der zweiten oder dritten Generation. Das schafft eine innere Stabilität und Sicherheit, die auch den Jüngeren den Weg weist. Nach dem Motto: »*Ihr könnt hier nicht alles auf den Kopf stellen. Ihr müsst auch ein bisschen auf das Bewährte achten, auf die Geschichte und die Tradition.*« So werden die jungen Leute ermutigt, maßvoll über Veränderungen nachzudenken und sie so umzusetzen, dass die Stabilität des Unternehmens nicht gefährdet wird.

Alle genannten Maßnahmen der Mitarbeiterbindung machen Ihr Unternehmen resilient. Und je stärker die Bindung Ihres Teams an das Unternehmen, desto resilienter wird es!

Perspektivenwechsel

Vielleicht kennen Sie die Fernsehserie »*Undercover Boss*«. Hier wird der Chef oder die Chefin eines großen Unternehmens mit mehreren Filialen inkognito, getarnt als neuer Mitarbeitender, in das eigene Unternehmen eingeschleust, um Schwachstellen aufzudecken.[104] Das ist eine wunderbare Sache, die auch Sie in Betracht ziehen sollten. Denn es ist wichtig, die Perspektive zu wechseln. Die Dinge von unten und von innen zu betrachten, sie aus einem anderen Blickwinkel zu sehen. Dann merkt man, wo der Schuh wirklich drückt. Man sieht, wie groß die Distanz oder Entfremdung zwischen der Spitze und der untersten Ebene ist und was deshalb an Korrekturen und Verbesserungen angebracht wäre.

Überdies ist es ratsam, etwa alle zwei Jahre mit externer Unterstützung einen Stresstest durchzuführen, um Überbelastungen, Risiken und Schwachstellen im Unternehmen zu identifizieren, die im Krisenfall zur Gefahr werden könnten. Wie heißt es so schön: »*Gefahr erkannt, Gefahr gebannt!*«

Generationen überdauernde Resilienz

Wenn ein Unternehmen 30, 50 oder gar 100 Jahre, also über mehrere Generationen bestehen und in diesem Sinne resilient sein soll, dann braucht es noch mehr. Zunächst braucht es mehrere Arten von Produkten, die lange tragen, die überleben, auch wenn die Erneuerungszyklen noch so schnell vonstattengehen. Denn ein Unternehmen kann nur über Generationen hinweg überleben, wenn es Produkte oder Dienstleistungen anbietet, die langfristig nachgefragt und immer wieder dem Zeitgeist angepasst werden. Ein anschauliches Beispiel: Nehmen wir an, jemand stellt Kutschenräder her. Doch dann wird das Auto erfunden und die Kutsche kommt aus der Mode. In diesem Fall ist klar, dass ein solcher Hersteller keine 100 Jahre mehr überleben wird, weil niemand mehr Kutschenräder benötigt. Deshalb ist es sinnvoll, ein Unternehmen breiter aufzustellen und ständig nachhaltige Trends – keine Hypes – zu beobachten. Vielleicht sogar andere Unternehmen aufzukaufen und zu integrieren. Wenn jemand zum Beispiel auf die Herstellung von Kabeln eines ganz bestimmten Durchmessers und Typs setzt, um als Zulieferer für den Schiffbau zu dienen, ist das gewagt. Dann ist es ratsam, beispielsweise auch noch auf Gummidichtungen für völlig andere Abnehmer und Produktarten zu setzen und als Nebenzweig zudem Reifen herzustellen oder aus den Abfällen kleine Badetiere für Babys zu produzieren oder was auch immer.

Wie gesagt: Wenn ein Unternehmen langfristig, über Generationen hinweg bestehen will, muss es sich möglichst breit aufstellen. Auch in mehreren Märkten und Ländern, vielleicht Kontinenten vertreten sein und dort parallel operieren: mit einer Billigproduktlinie und gleichzeitig mit einer Premiumlinie, mit verschiedenen Vertriebswegen beispielsweise über einen Online-Shop für den Endverbraucher und einem Direktvertrieb für Großverbraucher oder Wiederverkäufer. Dann besteht die Chance, dass zumindest ein Teil des Unternehmens 100 Jahre überdauern wird.

5. Krisen meistern – aber wie?

Krisen sind in fast allen Fällen geeignet, Schwachstellen im eigenen Unternehmen, aber auch im eigenen Leben sichtbar zu machen. Krisen sind eine Art Lackmustest. In guten Zeiten achtet man nicht so sehr auf alle Details. Die Schwachstellen sind zwar da, aber sie sind noch nicht wirklich relevant. Doch in der Krise wird jede Schwachstelle gefährlich, jeder Riss, jede Unzulänglichkeit zum Thema. Plötzlich wird alles, was bislang im Verborgenen brodelte, offensichtlich. Und das ist die große Chance, die in der Krise liegt. Darum ist eine Krise immer etwas Gutes!

Eine Krise entsteht fast immer aufgrund irgendeiner Nachlässigkeit! Stellen Sie also immer wieder Fragen – zum Beispiel:

- Wo funktioniert das Prozesssystem des Unternehmens nicht reibungslos?
- Wo ist die Marktanpassung suboptimal?
- Wo ist die Führungsebene nicht vorhanden oder selbstvergessen?
- Wo wurden Mitarbeitende nicht gemäß ihren Fähigkeiten eingesetzt, über- oder unterfordert?
- Wo stimmen die Entlohnungsparameter nicht?
- Wo sind Schwachpunkte in der Struktur, der Architektur des Unternehmens?
- Wo wurden wichtige Modernisierungen versäumt?
- Wo wurde etwas unterlassen, übersehen, nicht wichtig genug eingeschätzt, hintangestellt?

Führung in der Krise

Für ein erfolgreiches Krisenmanagement sollten Sie in Ihrer Führung vor allem auf zwei Dinge achten: auf Transparenz und Vertrauen! Unterlassen Sie Spielchen wie: *»Dies sagen wir den Leuten, aber jenes sagen wir ihnen nicht.«* Oder: *»Das sagen wir ihnen nicht heute, sondern erst morgen.«* Oder: *»Das sagen wir ein bisschen andersherum als es wirklich ist, dann klingt es besser.«* Die Leute merken, ob das, was man kommuniziert, wahr ist oder ob man sie für dumm verkauft. Das betrifft alle, also auch Ihre Belegschaft, die Partner und die Medien. Bleiben Sie jedenfalls in der Krise wahrhaftig! Sie können – und sollten – ruhig auf Sicht fahren! Es macht nichts, wenn Sie jemandem sagen: *»Ich habe keine Ahnung, wie sich das weiterentwickelt, weil es einfach niemand weiß.«* Oder: *»Ich kann Ihnen dazu noch nichts Konkretes sagen. Ich weiß es selbst noch nicht. Ich benötige erst einen Experten, der uns hilft und rät, wie das am besten gemeistert werden kann und weiterläuft.«* Sich in der Krise vor die Belegschaft zu stellen und so etwas zu sagen, ist nicht unehrenhaft!

Wie kommt man aus der Krise?

Führung in der Krise bedeutet natürlich auch, die Krisenfaktoren – seien sie intern oder extern – genau unter die Lupe zu nehmen. Es kann sogar sinnvoll sein, bei der einen oder anderen Herausforderung auf die Gruppenintelligenz der Mitarbeiter, vielleicht auch einiger Kunden, Lieferanten und Geschäftspartner zu setzen und eine Umfrage zu starten, um herauszufinden:

»Wie viele von euch glauben, es liegt vor allem an Problem A? Wie viele meinen, es ist Problem B oder C? Wer hat eine weitere Idee oder Vermutung? Und: Wer hat welche Verbesserungsvorschläge und Ideen, damit wir rasch aus der Krise kommen?«

Eine solche Befragung kann transparent oder anonym durchgeführt werden. Wahrscheinlich werden Sie überrascht sein, wie schlau viele Ihrer Mitarbeitenden sind und wie die Herdenintelligenz funktioniert. Möglicherweise haben die meisten spontan aus dem Bauch heraus auf das gesetzt, was sie zwar schon ahnten, aber noch nicht auszusprechen oder anzugehen wagten.

Was auch immer bei der Befragung herauskommt: Die Unternehmensleitung kann es sich genauer ansehen und in die endgültigen Entscheidungen einfließen lassen. Viele Ihrer Mitarbeitenden verfügen über eine gute Intuition, Lebenserfahrung und praktische Intelligenz, und genau das ist der große Vorteil bei der Nutzung der sogenannten Crowd-Intelligenz. Außerdem steigt die Motivation, wenn die Leute sehen, dass ihre Meinung geschätzt und berücksichtigt wird. Ist erkannt, wo die Ursachen liegen, folgt der nächste logische und wichtige Schritt: Abhilfe schaffen! Die Schwachstellen werden angegangen, um sie zu beseitigen oder zu minimieren, zum Beispiel durch:

- neue Systeme, Abläufe oder Zuständigkeiten,
- neue Vergütungsmodelle,
- neue Restrukturierungsmaßnahmen und mehr Transparenz,
- neue Sicherheiten für die Belegschaft, verbunden mit klaren Bekenntnissen wie:
  - *»Wir wertschätzen euch!«*
  - *»Wir wollen, dass ihr noch sehr viele Jahre im Unternehmen seid.«*
  - *»Wir geben euch jetzt noch diesen oder jenen Vorteil dazu.«*
  - *»Wir zeigen euch durch diese oder jene Zusatzmaßnahme, wie wichtig uns langjährige Mitarbeiterinnen und Mitarbeiter sind.«*

Die Krise fordert uns einerseits auf, uns etwas einfallen zu lassen. Andererseits fordert sie uns heraus, wieder mehr Flexibilität und Belastbarkeit zu lernen. Sie ist auch eine Chance, vieles neu zu sehen und anders anzugehen:

- *»Für diese oder jene Herausforderung entwickeln wir ein neues Produkt,*
- *dagegen entwickeln wir eine wirksame Strategie,*
- *dafür entwickeln wir einen neuen Verhaltenskodex oder was auch immer nötig ist, um die Krise zu meistern.«*

Es geht vordergründig darum, die Schwachstellen zu erkennen, sich Abhilfemaßnahmen zu überlegen und etwas zu verändern. Jeder im Unternehmen soll merken, dass die Schwachstellen immer weiter beseitigt und nach und nach in neue Stärken verwandelt werden. Und dann gilt es, offen zu sein und sagen: »*In der Situation halten wir jetzt diese und jene Maßnahme für die stimmigste. Deswegen machen wir das jetzt. Das gilt bis auf Weiteres. Aber nagelt mich nicht fest, in vier Wochen kann das auch schon wieder anders sein.*«

Zudem sollten Sie einen Blick auf die alten und nun ergänzten neuen Stärken werfen, um diese intern und extern zu kommunizieren. Machen Sie Ihrem Team und Ihrem Markt klar: »*Wir können das und das. Darin sind wir stark – und jetzt in der Krise erst recht!*« Das kommt bei Mitarbeitenden und Kunden gut an und stärkt zudem Ihre Positionierung.

Entscheidungen in der Krise

Jede Krise hat eine Art »Nebelfaktor«. Das heißt: Die Sicht ist eingeschränkt, weil Krisen hochdynamische Prozesse sind, in denen sich Dinge innerhalb von Stunden oder Tagen ändern können. Dem kann man keine langfristigen Pläne entgegensetzen, das wäre Unsinn. In der Krise muss man sich auf das Kurzfristige konzentrieren. Entscheidungen in der Krise treffen Sie am besten:

1. … indem Sie auf Sicht fahren.
2. … indem Sie sich mit kompetenten Menschen umgeben und sich bewusst machen, dass es in der Krise sehr, sehr schwer wird, alles allein zu wissen, zu überblicken und zu durchschauen.

Zudem ist es in der Krise sinnvoll, sich geeignete Berater zu holen – und zwar:

- Leute, die Fachkenntnis haben,
- Leute, die business-kompetent sind,
- und idealerweise auch noch mindestens einen krisenerfahrenen, krisenfesten Advocatus Diaboli, der mit seinem spezifischen Know-how in der herausfordernden Situation einer Krise wie ein Sicherheitsgurt für Sie wirkt.

Zum Advocatus Diaboli: Das ist jemand, der offen und unerschrocken ist. Der alles, was Sie denken und meinen, kritisch hinterfragt. Der Ihnen auch widerspricht und sagt: *»Es könnte aber auch anders sein!«* Der Sie darauf hinweist: *»Moment mal, diese Entscheidung könnte aber auch hierhin oder dorthin führen!«* Einer, der es wagt, Sie, den Chef oder die Chefin, kritisch anzusehen und zu fragen: *»Wissen Sie eigentlich, was Sie da sagen?«* Oder: *»Wissen Sie, was das auch bedeuten könnte?«* Oder: *»Wissen Sie, was das für Folgen haben könnte?«*

Der Advocatus Diaboli muss Narrenfreiheit genießen, so wie früher der Hofnarr. Er war derjenige, der den Obersten den Spiegel vorhalten und ungestraft sagen durfte: *»Das ist aber töricht, was ihr da macht!«* Der Advocatus Diaboli ist also ein lebenskluger Mensch, der kritisch denkt und es wagt, Ungereimtheiten offen anzusprechen. Das ist wichtig und wertvoll, weil es Ihnen in der Krise noch einmal eine andere Perspektive auf Ihre Entscheidungen eröffnet!

In der Krise ist Urlaub ein Tabu

Die Krise macht alles intensiver. Deshalb kann man als Unternehmer oder Unternehmerin jetzt keinen Urlaub machen! Die Kapitänin oder der Kapitän gehört auf die Brücke. In der Krise braucht es von der Unternehmensleitung, von den Führungskräften:

- eine doppelt oder dreifach so hohe Präsenz wie sonst,
- eine doppelt oder dreifach so hohe Nervenstärke,
- eine doppelt oder dreifach so hohe Kommunikationsbereitschaft – mit intensivem Zuhören und häufigen, vielleicht sogar täglichen Updates für die Belegschaft.

6. Führung und Menschenwürde: ein Widerspruch?

Allen Hypes um Zukunftstechnologien, Automatisierung und bedingungsloses Grundeinkommen zum Trotz: Unternehmerisch denkende, gute und loyale Mitarbeitende sind und bleiben eines der wertvollsten »Assets«. Zudem hat sich der Wind auf dem Arbeitsmarkt längst vom Arbeitgeber- zum Arbeitnehmermarkt gedreht. Und das wird noch lange so bleiben.

Wenn es um wahre Werte im Unternehmertum geht, gehört die Schlüsselfrage nach dem richtigen Umgang mit den Mitarbeitern zum Lackmustest. Ein angemessener, empathischer Führungsstil ist für den langfristigen Erfolg unabdingbar. Menschlichkeit ist oberstes Gebot, weil man es mit Menschen, mit Mitmenschen zu tun hat und nicht nur mit einer Kostenposition.

Die vitale Trias: Freiheit, Wertschätzung und Würde

Der heute vorherrschende Arbeitnehmermarkt hat zur Folge, dass die Mitarbeitenden die Bedingungen bestimmen, zu denen sie eingestellt werden und bleiben. Hinzu kommt, dass immer mehr Stellen und Positionen nicht einfacher, sondern komplexer werden. Ein Mitarbeitender benötigt heute so viele Kenntnisse und Fähigkeiten, dass es sich nicht mehr lohnt, ihn nur ein halbes Jahr zu halten, und dann kommt der nächste. Es geht also auch um Mitarbeiterbindung. Zudem: Wenn Sie den bestmöglichen Beitrag Ihres Teams wollen, so haben Sie als Unternehmerin oder Unternehmer für die entsprechenden Rahmenbedingungen zu sorgen. Am besten gelingt dies in einem Umfeld, in dem jeder Einzelne aus Ihrer Belegschaft motiviert dazu beiträgt, »den Karren« zu ziehen, ohne dass Sie von hinten ständig mit anschieben oder sich gar Zuckerbrot und Peitsche bedienen müssen. Am besten erreichen Sie all dies, indem Sie dem folgenden ewig gültigen Dreiklang Rechnung tragen. Dieser Dreiklang besteht aus einem Mindestmaß an:

- Freiheit,
- Wertschätzung
- und Würde.

Freiheit

Ein Unternehmen, das gut funktionieren und vor allem langfristig erfolgreich sein soll, benötigt ein Team, in dem sich jeder als eine Art Mitunternehmer fühlt. Mitarbeitende, die mitdenken, die mitverantworten, die sich voll mit dem Unternehmen identifizieren, die der Chefin oder dem Chef genauso vertrauen wie diese ihnen. Werden die Mitarbeitenden an »zu kurzer Leine« gehalten, kann sich dies alles nicht entfalten. Vielmehr ist ein angemessener Spielraum Voraussetzung. Ein vertrauensvoller Freiheitsrahmen, der Selbstständigkeit und Eigenverantwortung ermöglicht, fördert und fordert und in dem man auch Fehler machen und dazulernen darf.

Bei aller Freiheit geht es den Mitarbeitenden auch um die Frage der Sicherheit. Wenn das nicht so wäre, dann wären sie selbstständig und auf eigenes Risiko tätig. Was das für Sie als Unternehmerin oder Unternehmer bedeutet? Bieten Sie Ihren Mitarbeitenden auch Sicherheit, geregelte Arbeitsbedingungen, eine ordentliche finanzielle Existenzgrundlage, Aufstiegschancen und eine Zukunftsperspektive. Vielleicht garantieren Sie ihnen sogar eine generationenübergreifende Beschäftigung. Das heißt: Die Kinder Ihrer Mitarbeitenden bekommen die Möglichkeit, ebenfalls in Ihrem Unternehmen zu arbeiten.

Gute, loyale Mitarbeitende mit Know-how und Erfahrung sind Gold wert! Lange Jahre hat die Wirtschaft gedacht: *»Lieber die Jungen, lieber die Modernen, lieber die, die gerade mit einem tollen Abschluss von der Uni kommen. Das sind die neuen Besen, die gut kehren. Die Alteingesessenen kommen ja schon längst nicht mehr mit!«* Inzwischen ist klar: Man benötigt auch die alten Hasen, die Kompetenten, die Lebenserfahrenen, die mit den guten Nerven, die ihre Work-Life-Balance nicht kompromisslos über alles andere stellen. Diejenigen, die schon viele Krisensituationen, ob im Leben oder im Arbeitsverhältnis, gemeistert haben und bereit sind, mehr zu tun, als lediglich Dienst nach Vorschrift zu leisten. Solche wertvollen Mitarbeitenden hält man am besten, indem man ihnen gerade im Hinblick auf den Freiraum entgegenkommt. Ganz praktisch zum Beispiel mit:

- der Freiheit von Gleitzeit oder gar Teilzeit,
- der Freiheit, eventuell ein Sabbatical zu nehmen,
- der Freiheit, Büro und Homeoffice zu kombinieren,
- der Freiheit, die Arbeitszeit einigermaßen flexibel hin und her zu verschieben, oder auch einmal mehr oder weniger Stunden zu arbeiten. Hauptsache, das Ergebnis stimmt. Das ist nicht in allen Positionen und Branchen möglich, aber in sehr vielen.
- Der Freiheit, in einem Unternehmen nicht nur einen zugewiesenen Arbeitsplatz zu haben, sondern sich auch mal in andere Räume zurückziehen zu können oder zu verschiedenen Kollegen zu gehen, um neue Ideen und Gedanken zu gewinnen.

Wertschätzung

Kein Mitarbeitender möchte sich von seinem Chef oder seiner Chefin, meist unausgesprochen, unterstellen lassen: *»Du betrügst mich, du bestiehlst mich, du lügst mich an, du bist nicht das wert, was ich dir bezahle. Dich interessiert nur, wie du mit wenig Leistung viel Geld bekommst!«* Wenn ein solches Misstrauen herrscht, kann das nur zu einem Führungsstil führen, der auf übertriebene Kontrolle und Ausnutzung der Mitarbeitenden setzt, wo immer es geht. Mit solchen ständigen Unterstellungen ruft man logischerweise beim Gegenüber, dem Mitarbeitenden, irgendwann genau diese Verhaltensweisen hervor. Denn wenn man vom anderen immer nur das Schlechteste erwartet, wird er irgendwann auch nur das Schlechteste zeigen. Leben Sie daher ein Klima der Wertschätzung möglichst tagtäglich und trauen Sie Ihrem Team auch etwas zu!

Würde

Zu glauben, dass man Loyalität, Mitarbeiterbindung und Leistung primär über den Faktor Geld erreicht, ist ein Irrtum. Auch wenn man das Doppelte des Üblichen bezahlen würde, würde es auf Dauer nicht genügen. Irgendwann reicht dem Mitarbeitenden noch mehr Geld auch nicht mehr. Denn Geld ist nicht alles. Letztlich will jeder Mensch anerkannt, geschätzt und gebraucht werden. Er will sich gut aufgehoben fühlen und stolz auf seinen Beitrag sein.

Auf den Punkt gebracht: Jeder Mensch möchte mit Würde behandelt werden. Das hat wiederum mit wahren Werten zu tun. Als Unternehmerin oder Unternehmer benötigen Sie den vollen Einsatz Ihrer Mitarbeitenden! Diese sollen nicht nur mit der einen oder anderen Fertigkeit oder Kompetenz, sondern möglichst mit ihrem ganzen Herzblut in Ihrem Unternehmen mitarbeiten. Und das erreichen Sie nur, wenn Sie Ihre Mitarbeitenden als »ganze« Menschen behandeln. Und nicht nach dem Motto: »*Was interessieren mich deren Menschenwürde, deren Privatleben, deren Wünsche. Hauptsache, die machen bei mir ihren Job, ob im Verkauf oder beim Einräumen der Regale!*« Denn so bekommt man nur solche Mitarbeiter, die bei der nächsten Gelegenheit keine Lust mehr haben, kündigen und woanders hingehen. Dann dreht sich das Karussell wieder von vorn, man muss den nächsten neuen Mitarbeitenden suchen und einarbeiten.

Solch ein unwürdiger Umgang mit seinem Team kann auf Dauer nur zu einem schlechten Ruf führen, zu einer hohen Fluktuation und zu mangelndem Teamgeist. Das alles sollte man schon aus ökonomischen Aspekten vermeiden. Denn die Ausgaben für den ständigen Personalwechsel sind viel höher als die Kosten für Mitarbeitende, die fair bezahlt werden, die sich auskennen, die sich engagieren und auch unaufgefordert die Extrameile gehen. All das erreichen Sie sicher nicht mit einem altmodischen »Sklavenmodell«. Das moderne Ideal lautet: »*Jeder dient jedem und keiner nutzt einen aus!*« Dann ist das Verhältnis zwischen Arbeitgebern und Arbeitnehmern eine Win-win-Situation. Wie bereits erwähnt, funktioniert das allerdings nur, wenn die Mitarbeitenden das Gefühl haben, dass ihre Vorgesetzten sie als »ganzen« Menschen sehen.

Menschenführung

Wenn wir im Unternehmertum von Führung sprechen, geht es in erster Linie um Menschenführung. Anständige Menschenführung heißt:

>*Ich als Unternehmer oder Unternehmerin, Manager oder Managerin gebe euch, meinen lieben Mitarbeitenden, Leitplanken vor, innerhalb derer ihr euch frei bewegen könnt und sollt. Mehr nicht! Oder ich zeige euch verschiedene Wege als Alternativen auf, aus denen ihr das Passende aussuchen könnt, um euren wertvollen Beitrag für das Unternehmen bestmöglich zu leisten. Es gibt beispielsweise eine gut ausgebaute Straße, um zum Ziel zu kommen, eine Alternative für diejenigen, die viel Abwechslung suchen. Für die ganz Mutigen gibt es die Direttissima, die senkrecht zum Gipfel führt. Außerdem bieten wir noch einen betreuten Weg an. Da kann man sogar mit dem Rollstuhl hochfahren. Und wer es nicht allein schafft, der bekommt einen Betreuer zur Seite gestellt, der ihn hochschiebt.«*

Das wäre die ideale Menschenführung, die sehr auf die Würde des Einzelnen ausgerichtet ist. So hat jeder möglichst viele Freiheiten und Alternativen – und das bei gleichzeitig größtmöglicher Sicherheit, weil er informiert, geschult und begleitet wird.

Menschendiktatur

Oft genug aber ist die Menschenführung in den Betrieben nichts anderes als eine Art Menschendiktatur: Da werden zwar pseudodemokratische Aktivitäten gesetzt. Da wird ein Betriebsrat gebildet. Da und dort darf »mitgesprochen« werden. Da darf die Belegschaft per Abstimmung entscheiden, ob ihr Aufenthaltsraum gelb oder orange gestrichen wird. Aber letztlich wird den Mitarbeitenden so ziemlich alles in ihrem Arbeitsverhältnis diktiert. Unter anderem werden die Arbeitszeiten haarklein vorgegeben. Die Mitarbeitenden werden videoüberwacht. Zudem werden sie beim Betreten und Verlassen des Betriebs kontrolliert. Sie müssen 100.000 Formulare ausfüllen, um zu dokumentieren, wer wann was wo wie gemacht, geputzt, hin- oder weggeräumt hat.

Es gibt also viel Führung, die letztlich Diktatur bedeutet. Konkret heißt das: Gleichschaltung, die Würde der Mitarbeitenden nicht mehr achten, Respektlosigkeit, Widerspruch nicht dulden oder die Leute möglichst klein halten. Das vermittelt eine gewisse Scheinsicherheit, sowohl für die Unternehmensleitung als auch für die Belegschaft. Denn die Menschen, die im Unternehmen arbeiten, brauchen nicht groß nachzudenken. Man traut ihnen sowieso nicht viel zu. Sie müssen keine Verantwortung übernehmen, haben aber auch kaum Freiheiten. Dafür ist alles geregelt, alles geplant. Alles scheint berechenbar und damit sicher. Selbst zu denken, zu handeln oder zu entscheiden, spielt dann keine Rolle mehr. Im Gegenteil: Es ist sogar unerwünscht! Das Problem dabei: So entsteht kein Team von unternehmerisch denkenden Mitarbeitenden, keine Mannschaft von Gewinnern, auf die man stolz sein kann und die von sich aus in die richtige Richtung für den gemeinsamen Erfolg zieht. Diese Art der Führung gleicht eher der Zucht von Herdentieren, die der Hirte ständig im Auge behalten, antreiben und kontrollieren muss. Das schwächt Innovations- und Wettbewerbsfähigkeit, Flexibilität und Dynamik. Je nach Unternehmensgröße erteilen mehrere Manager oder Bereichsleiter die Befehle – und alle machen mit. Niemand wird es wagen, eine eigene Entscheidung zu treffen, weil er gelernt hat, das könnte einen Fehler nach sich ziehen, und Fehler machen ist hier tödlich.

Die Menschenwürde

Das Recht auf Menschenwürde ist eine große Errungenschaft. In einigen demokratischen Staaten und Gemeinschaften ist es als Grundrecht gesetzlich verankert. So heißt es zum Beispiel in der Charta der Grundrechte der Europäischen Union im Artikel 1: *»Die Würde des Menschen ist nicht nur ein Grundrecht an sich, sondern bildet das eigentliche Fundament der Grundrechte.«*[105] Oder im Artikel 1 des deutschen Grundgesetzes: *»Die Würde des Menschen ist unantastbar. Sie zu achten und zu schützen, ist Verpflichtung aller staatlichen Gewalt.«*[106]

Über die Begriffsgeschichte und die Begründung der Menschenwürde gibt es eine Fülle an hochinteressanter Literatur. Ich aber möchte mich hier auf das Wesentliche und nicht so oft Bedachte beschränken:

Die Menschenwürde als Konzept wurde schon in der Aufklärung (ab 1700) aufgegriffen, was ohne das Christentum wohl kaum der Fall gewesen wäre. Denn die Unantastbarkeit der Menschenwürde kann meines Erachtens nur aus der christlichen Lehre heraus verstanden werden. Es hat sie so vorher nicht gegeben. Sie ist durch das Christentum in die Welt gekommen, ist also ein religiöser Ansatz. Und jetzt wage ich das große, in unserer modernen Welt verbotene Unwort »Gott« in den Mund zu nehmen. Denn man wird wohl keine andere, belastbare, materialistische Herleitung für das Konzept der unantastbaren Menschenwürde finden. Das Christentum hatte diese Idee eines personalen Verhältnisses zwischen Gott und den Menschen, wobei hier jeder einzelne Mensch gemeint ist.

Die Menschenwürde hat nach meiner Ergründung und Überzeugung ihren Ursprung in der Aufforderung Jesu: »*Wenn ihr betet, so sprecht: Vater unser, der Du bist im Himmel ...*« Das ist die Grundlage der Menschenwürde. Sie ist schlicht und einfach im am weitesten verbreiteten Gebet des Christentums, dem Vaterunser, zu finden. Die Menschenwürde ist somit im Ursprung des Menschen begründet. Sie gilt universell – für alle, egal welche Religion, welche Hautfarbe, welche Herkunft, welches Alter sie haben. Die Vorstellung, dass die Würde des Menschen unantastbar ist, dass er sozusagen das höchste, das würdigste Wesen ist, setzt voraus, dass es einen Träger dieser Würde gibt, einen Gott, der über dem Menschen steht. Nur dann macht diese herausgehobene Stellung des Menschen Sinn. Die Gegenposition zur Menschenwürde wäre: »*Der Mensch ist doch auch nur ein Tier. Er ist ein Produkt der Evolution. Ein Säugetier, wahrscheinlich sogar das gefährlichste Raubtier, das asozialste unter den Herdentieren. Keineswegs die Krone der Schöpfung, sondern die Zumutung der Schöpfung.*«

Das Revolutionäre oder gar »Unerhörte« des christlichen Menschenbildes besteht darin, tatsächlich zu sagen: »*Gott schuf die Menschen zu seinem Ebenbild und Gleichnis und er sagte ihnen: ›Machet Euch die Erde untertan!‹*«[107] Damit wird ein qualitativer Unterschied, eine Hierarchie, zwischen der Schöpfung und dem Menschen dokumentiert. Um es zugespitzt zu formulieren: Der Mensch ist der Stellvertreter Gottes auf Erden und soll sich auch so verhalten. Aber auch die Gegenposition hat ihre Vorteile. Denn sie hat dazu geführt, dass man langsam etwas überaus Wichtiges begreift: Der Mensch darf sich nicht alles erlauben.

Vielmehr ergibt es Sinn, auch anderen Teilen der Schöpfung – den Tieren und der Natur – Würde zuzusprechen. Aus dieser Erkenntnis sind die Initiativen des Tier-, Pflanzen-, Umwelt- und Klimaschutzes entstanden. Natürlich spielten dabei auch egoistische Motive eine Rolle, weil uns immer klarer wurde, dass die Erde ohne uns auskommt, wir aber nicht ohne die Erde. Deshalb sollten wir unseren Planeten in einem bewohnbaren Zustand erhalten. Sonst ist es irgendwann vorbei mit den Menschen auf der Erde.

Der Begriff der Menschenwürde ist letztlich ein unschätzbarer Grundgedanke, den alle aufgeklärten Menschen, welche nicht von Macht und Gier getrieben sind, respektieren und befürworten sollten. Wenn jeder Mensch, jeder Staat auf der Erde die Menschenwürde anerkennen würde, würde viel Negatives auf der Welt nicht passieren. Und das Gute daran ist, dass man dazu nicht einmal Christ oder Anhänger einer anderen Konfession sein muss. Es genügt, den Begriff der Menschenwürde und seine universelle Gültigkeit zu kennen, zu respektieren und zu leben.

Der Empfindungswert der Menschenwürde

Wir alle wollen wertschätzend behandelt werden. Die Mitarbeitenden im Unternehmen, die Kunden, die Lieferanten, die Geschäftspartner, aber auch alle anderen Menschen. Wir alle, ohne Ausnahme. Alles, was höflich ist, freundlich, dankbar und ein Kompliment macht, wird als wertschätzend empfunden. Und alles, was wertschätzend ist, unterstreicht immer die Würde des anderen. Dahingegen wird alles, was einem Menschen etwas abspricht, ihn verletzt, als abwertend, abschätzig und als entwürdigend empfunden. Menschenwürde ist also ein Empfindungswert. Und eigentlich weiß jeder, was ihm selbst als ungerecht erscheint, was er als respektlos oder als entwürdigend und verletzend empfindet. Und dieses Empfinden für die Würde ist bei allen Menschen im Prinzip gleich – manche sind dünnhäutiger, manche etwas dickfelliger. Insofern ist Führen mit Menschenwürde kein Widerspruch. Im Gegenteil: Besser geht es nicht!

Kapitel V

Das Ende des Darwinismus? Die neue Unternehmenskultur

Das fünfte und letzte Kapitel beschäftigt sich intensiv mit der darwinistischen Doktrin *»Survival of the Fittest«* und der Konkurrenzthematik. Es deckt auf, was wir nach über 150 Jahren Darwinismus gelernt haben: Es war fatal, katastrophal, den Darwinismus als Grundhaltung in die Wirtschaft, in Managementtheorien, in die Politik, ja in das gesamte menschliche Leben zu übertragen.

Es wird erklärt, warum wir dringend ein neues Weltbild benötigen und was es beinhalten sollte. Darüber hinaus wird ein erfolgversprechenderes, nachhaltigeres Unternehmensmodell für die neue Zeit, für den neuen Zeitgeist vorgestellt. Außerdem wird aufgezeigt, wie man ein überlebensfähiges Start-up, ein nachhaltig erfolgreiches Unternehmen aufbaut.

1. The Winner takes it all?

Charles Robert Darwin (1809–1882), der weltberühmte britische Biologe, gilt als einer der bedeutendsten Naturwissenschaftler aller Zeiten. Einige meinen sogar, dass ohne seine als bahnbrechend angesehenen Beiträge zur Evolutionstheorie die heutige Biologie nicht denkbar wäre.[108] Wenn sie den Namen Darwin hören, denken die meisten sofort an das weitverbreitete und beinahe allgegenwärtige Schlagwort *»Survival of the Fittest«*. Vielfach wird betont, dass *»Survival of the Fittest«* nicht als Überleben des Stärksten oder des Intelligentesten, sondern des *Angepasstesten* zu verstehen sei.

Interessant ist, dass die Phrase *»Survival of the Fittest«* eigentlich gar nicht von Charles Darwin stammt. Darwin hat sie erst verwendet, nachdem sein 1859 erschienenes Hauptwerk *»On the Origin of Species«* (*»Über die Entstehung der Arten«*) wegen des darin verwendeten Begriffs *»natural selection«* (*»natürliche Auslese«*) massiven Vorwürfen ausgesetzt war. Daher nutzte er ab der 5. Auflage den Begriff *»Survival of the Fittest«*.[109] Ursprünglich stammt *»Survival of the Fittest«* jedoch vom britischen Sozialphilosophen Herbert Spencer (1820–1903).[110]

Konkurrenz belebt das Geschäft

In der Wirtschaft lautet eine Grundthese: *»Konkurrenz belebt das Geschäft!«* Dabei wird Wettbewerb längst als darwinistisches *»Survival of the Fittest«* verstanden. Du musst »The Fittest« sein, dann überlebst du, dann setzt du dich durch. Die anderen, nun, die schaffen es nicht, verschwinden vom Markt, haben Pech gehabt.

Aber stimmt das wirklich? Ich begann, Darwins Maxime zu hinterfragen, als im Zuge der Digitalisierung bestimmte Suchmaschinen, Social Media-Kanäle oder Online-Plattformen in relativ kurzer Zeit zum

Quasi-Standard und die jeweiligen Unternehmen im Rekordtempo zu multinationalen Konzernen wurden. Einige erlangten sehr schnell eine marktbeherrschende Stellung. Oft mündete dies in teilweise gefährlicher Macht und Kontrolle. Nicht nur über Produkte oder Dienstleistungen, sondern auch über unvorstellbare Mengen an digitalen Daten und Informationen.

Politische Instanzen wie die EU-Kommission versuchen, die Marktmacht der neuen Online-Giganten durch entsprechende Spielregeln und Regulierungen einzudämmen, um der Gefahr von Missbrauch und Manipulation entgegenzuwirken. Dennoch führt die Marktkonzentration auf wenige global dominante Player zu einer »*The Winner takes it all*«-Situation. Dies wird oft mit dem sogenannten »*Netzwerkeffekt*« der neoklassischen Volkswirtschaftslehre erklärt.[111] Das heißt: Die Attraktivität einer Plattform steigt mit der Anzahl ihrer Userinnen und User. Tummelt sich dort eine signifikante Masse, wird die Plattform für die Nutzer immer attraktiver. Dadurch bleibt für potenzielle Wettbewerber kaum noch Raum, um mit einem alternativen Angebot Fuß zu fassen. Das gelingt ihnen selbst dann nicht, wenn sie technologisch ausgereifter, nutzerfreundlicher, sicherer oder anderweitig geeigneter und damit »*fitter*« sind.

Ganz anders sieht die Sache aus, wenn wir den Netzwerkeffekt anhand der Verbreitung des Telefons ab dem 19. Jahrhundert oder anhand des seit 1989 zur öffentlichen Nutzung und damit zur Kommerzialisierung freigegebenen Internets betrachten. Denn dann sehen wir keine »*The Winner takes it all*«-Situation, sondern für alle Marktteilnehmer offene Plattformen.

In der digitalisierten Wirtschaft erleben wir immer wieder, dass aggressive, geradezu kriegerische »*Disruptoren*« ohne Branchenerfahrung gleichsam aus dem Nichts kommen und mit neuen Geschäftsmodellen alteingesessenen Platzhirschen das Fürchten lehren. Nicht selten drängen sie die Platzhirsche sogar aus dem Geschäft – ganz im Sinne der vorherrschenden Innovationstheorie, der »*schöpferischen beziehungsweise kreativen Zerstörung*«, des österreichisch-amerikanischen Ökonomen Joseph Schumpeter (1883–1950).[112]

All das warf viele Fragen bei mir auf: Bezieht sich Darwins Maxime vielleicht gar nicht auf den Angepasstesten? Gilt sie doch dem Stärksten? Oder was sonst ist mit »The Fittest« gemeint? Vielleicht stimmt diese Theorie – egal, wie man sie dreht und wendet – auch gar nicht?

Trial and Error – Versuch und Irrtum

Aus Darwins Evolutionstheorie hat sich bei mir noch so ein Schlagwort, eine darwinistische Zugangsweise festgesetzt. Darwin bezog dieses Bild zwar vorwiegend auf Tiere, mittlerweile wird es jedoch für fast alles angewandt. Was ich meine? Die Aussage, dass die Evolution nach dem »*Trial and Error-Prinzip*«, also nach Versuch und Irrtum, erfolgen würde.[113] Vereinfacht ausgedrückt: Der Irrtum führt in die Sackgasse – und das war's dann! Mit dem, was versuchsweise funktioniert, macht die Natur, die Evolution anschließend weiter.

Auch dies scheint mir zu simpel, vor allem wenn man bedenkt, wie komplex alles Leben, wie unausstaunbar das Universum, wie unterkomplex unser Denkvermögen ist – und wie wir Menschen Dinge weiterentwickeln. Selbst bei Start-ups, wo gerade die ersten Jahre erheblich von Improvisation und von »Trial and Error« getrieben werden, läuft es in der Praxis doch nicht einfach nur nach einer Art Wasserfallmodell[114]? Also rein linear. Stur vorwärts. Ohne iteratives Voranschreiten. Kein links, rechts oder doch nochmals zurück an den Start?

2. Stimmt Darwins Theorie?

Sie werden sich jetzt vielleicht fragen: *»Was hat denn Darwin in diesem Buch über wahre Werte und das Unternehmertum zu suchen?«* Der Darwinismus ist der Schlüssel, um die »Mechanik« der Konkurrenz im Unternehmertum, in der sogenannten freien Wirtschaft, in Demokratien besser zu ergründen. Denn der Wettbewerb ist im Business ein ganz zentrales Thema. Zu oft geht es dabei beinhart, skrupellos, jedenfalls nicht gerade »zimperlich« oder »zivilisiert« zu. Eher wie im Haifischbecken. Da spielen wahre Werte nicht immer die Rolle, die angebracht wäre.

Mit Abhandlungen über den Darwinismus, über Darwin, sein Leben und seine Werke könnte man ganze Bibliotheken füllen. Einige dieser Abhandlungen sind ein fester Bestandteil der Lehre an unzähligen Universitäten. So gibt beispielsweise das Portal *»Darwin Online«* an, die weltweit umfassendste Sammlung mit Werken über Darwin und den Darwinismus zu bieten, auf welche schon Hunderte Millionen Zugriffe erfolgten.[115] Doch je mehr ich mich mit Darwins Theorien beschäftigte und je intensiver ich recherchierte, was moderne Forscher dazu zu sagen haben, desto mehr Widersprüche, Ungereimtheiten und Merkwürdigkeiten stießen mir auf. Nachfolgend seien nur einige wenige aufgezeigt, denn immerhin stelle ich damit »eine Institution« infrage:

Darwins verschrobene Ansichten

Besonders schockierend finde ich, dass Darwin rassistische und sexistische Ansichten vertrat. Darwin lehnte die Sklaverei strikt ab. Dennoch war er überzeugt, dass es beim Menschen so etwas wie niedere und höhere Rassen geben würde.[116] Obwohl er keinerlei Daten oder Fakten zu den Fähigkeiten und der Intelligenz von verschiedenen Völkern hatte, hielt Darwin die Europäer für fähiger und menschlicher als andere. Die afrikanische Bevölkerung ordnete er in der Skala ganz unten ein. Generell ging Darwin von einer geringeren Intelligenz und Überlebensfähigkeit der Nichteuropäer aus. Damit rechtfertigte er ungeniert den unterdrückerischen und ausbeuterischen Kolonialismus der Briten im viktorianischen Zeitalter.

Frauen waren für Darwin zwar wichtig, weil sie – wie bei Säugetieren – den Nachwuchs zur Welt bringen. Fähigkeiten wie Intelligenz, Innovation und Kreativität schrieb er aber nur den Männern zu. So machte er eine scheinbar natürliche Überlegenheit des Mannes gegenüber der Frau aus:

> *»Der Hauptunterschied in den intellektuellen Kräften der beiden Geschlechter zeigt sich darin, dass der Mann in allem, was er nur anfängt, eine größere Höhe erreicht, als die Frau sich zu erheben vermag, ob es nun tiefes Nachdenken, Vernunft, Einbildungskraft oder nur den Gebrauch der Sinne und Hände erfordert.«[117]*

Dass den meisten Frauen damals der Zugang zu fundierter Bildung verwehrt war, kam ihm als ein wesentlicher Grund für diese Unterschiede offenbar nicht in den Sinn.

Die Vererbung erworbener Eigenschaften

Ein weiterer großer Irrtum Darwins war der Glaube daran, dass Organismen Eigenschaften vererben können, die sie im Laufe ihres Lebens erworben haben.[118] Darwin erkannte zwar, dass es immer kleine Unterschiede zwischen den Individuen einer Art gibt. Doch er wusste nicht, wie diese zustande kamen. In seiner Erklärungsnot berief er sich auf äußere Kräfte und auf die Ansichten des französischen Entwicklungsbiologen Jean-Baptiste de Lamarck (1744–1829), den Begründer der modernen Zoologie. Beispielsweise stellte Darwin fest: *»... dass der Dorfschmied sehr muskulöse Kinder habe und der Dorfpfarrer eher blasse, schmächtige.«[119]* Dafür würde heute jeder im Biologieunterricht ausgelacht werden.

Der »Stammbaum des Lebens«

Ein weiterer Irrtum Darwins bestand darin, dass er davon ausging, dass die Vererbung immer vertikal entlang der Abstammungslinie, also von einer Generation zur nächsten, verläuft. 1953 entschlüsselten die Molekularbiologen James Watson (geb. 1928) und Francis Crick (1916–2004) die Doppelhelixstruktur der DNA und läuteten damit das Zeitalter der Genetik ein.[120] Im Jahr 2001 folgte dann die Entzifferung des menschlichen Erbguts.[121] Inzwischen weiß man, dass Erbmaterial auch mittels horizontalem Gentransfer von einem Individuum einer Art an ein Individuum einer anderen Art weitergegeben werden kann.[122] Spätestens damit gilt Darwins Konzept vom *»Stammbaum des Lebens«* als überholt. Denn es hat sich gezeigt, dass die Evolution nicht als Baum, sondern bestenfalls als komplexes Netzwerk dargestellt werden kann.[123]

Die Partnerwahl

Wie sehr das viktorianische Weltbild und seine frauenfeindliche Grundhaltung Darwins Ansichten über die Partnerwahl bei Mensch und Tier, immerhin ein zentrales Thema seiner Evolutionstheorie, beeinflusst haben, zeigen die beiden Biologen Gil G. Rosenthal und Michael J. Ryan anhand ihrer Forschung auf. Ihre Erkenntnisse haben sie in einem Review in der Fachzeitschrift *»Science«* im Januar 2022 dargelegt.[124] Das Fazit: *»150 Jahre nach Darwin sei klar, dass Partnerwahl – auch bei Tieren – viel komplexer abläuft als in den Vorstellungen des Naturforschers.«*[125] Die Bedeutung weiblicher Strategien oder der Lust bei sexuellen Vorgängen habe Darwin ignoriert, Schönheit als treibende Kraft bei der Partnerwahl dagegen überschätzt. Diese eindimensionale Sichtweise habe dazu geführt, dass Darwin tierisches Verhalten, das außerhalb seiner Vorstellungen und Präferenzen lag, lieber unter den Teppich gekehrt habe.

Kritische Geister

Im Zuge meiner Recherchen empfand ich die Erklärungen des US-Humanbiologen und Biologieprofessors Jerry Bergman als sehr schlüssig. Allerdings wird er von anderen ziemlich »angeschossen«. Vermutlich, weil er zum Lager jener gehört, die mit Nachdruck gegen den Strich des Darwinismus bürsten. In seinem Buch »*The Dark Side of Charles Darwin*« schreibt er:

> »*Die Evolution beruht auf der natürlichen Auslese vorhandener biologischer Merkmale. Aber die natürliche Auslese kann nur bestehende Merkmale eliminieren, keine neuen schaffen … Die Pangenesistheorie …, die von Darwin als Hauptquelle für neue genetische Vielfalt vertreten wurde, ist inzwischen empirisch widerlegt. Dies ist nur eines von vielen Beispielen dafür, dass Darwin falschlag.*«[126]

Ein weiteres Buch von Jerry Bergman trägt den Titel »*The Three Pillars of Evolution Demolished – Why Darwin was wrong*«. Das Vorwort stammt vom vielfachen Buchautor, Prof. Dr. Norman Geisler. Hier bemerkt er:

> »*Ein wichtiges Thema in der Kontroverse um die biologischen Ursprünge, insbesondere die Evolution des Menschen, ist das große Problem der Irrtümer, Betrügereien und Fälschungen der Evolutionisten … Die in diesem Buch vorgestellten Themen dokumentieren sorgfältig die Tatsache, dass die darwinistische Weltanschauung Wissenschaftler dazu verleiten kann und oft auch dazu verleitet, naiv Schlussfolgerungen zu akzeptieren, die auf sehr schwachen Beweisen beruhen.*«[127]

Der amerikanische Primatologe und biologische Anthropologe an der Princeton University, Agustín Fuentes (geb. 1966), schlägt ähnliche Töne an. Auch er rät, Darwins Werke nicht unkritisch zu verehren.[128] Er empfiehlt das lesenswerte Buch »*A Most Interesting Problem*«, in dem zwölf Weltklasse-Wissenschaftler erläutern, was Darwin in Bezug auf den Ursprung, die Geschichte und die biologische Variation des Menschen richtig und was er falsch dargestellt hat.[129]

Und der US-Biochemiker Prof. Michael J. Behe (geb. 1952) widerlegt Darwins Theorien in seinen Büchern und Interviews anhand modernster Forschungen.[130]

Selbst hinterfragen sei ebenso erlaubt

Natürlich kann jeder die Erkenntnisse Darwins auch selbst kritisch hinterfragen. Beispielsweise habe ich mich gefragt, ob etwa Alligatoren, die es seit Millionen von Jahren gibt, wirklich anpassungsfähiger sind als andere Arten. Was ist zum Beispiel mit Vögeln oder Affen, die nicht überleben können, weil der Mensch ihnen den Lebensraum nimmt? Was hat dies noch mit »*Survival of the Fittest*« zu tun? Oder sind wir Menschen dann in der Rolle als »*The Fittest*« gegenüber Tieren? Eine weitere Frage, die mir durch den Kopf ging, lautete: Warum hat sich das Gebiss des Menschen in der Evolution nie verändert? Zähne sind zwar eine geniale Erfindung, aber unser Gebiss wäre an sich sehr verbesserungswürdig. Eine andere interessante und unbeantwortete Frage ist: Warum gibt es überhaupt die Arten, die es gibt?

Warum nur so viele Ungereimtheiten?

Die Liste an Zweifeln zu Darwins Theorien ließe sich noch lange fortsetzen. Warum nur gibt es darin so viele Ungereimtheiten? Natürlich kann jeder Mensch, auch ein noch so ehrenwerter Wissenschaftler, irren. Das wussten schon antike Philosophen wie Seneca (1–65 n. Chr.), von dem der folgende berühmte Ausspruch stammt: »*Errare humanum est, sed in errare perseverare diabolicum!*« Auf Deutsch: »*Irren ist menschlich, aber im Irrtum verharren ist teuflisch!*«[131]

Ja, man könnte sagen, dass Darwin vor weit über 150 Jahren nicht die modernen Mittel und Erkenntnisse von heute zur Hand hatte. Allerdings beantwortet selbst dieses Argument die vielen Unstimmigkeiten nicht. Immerhin wurde Darwin als kluger, gebildeter Mann beschrieben.

Mich hinterließen all die Ungereimtheiten unzufrieden, meine Zweifel an Darwins Theorien wurden immer stärker. Den Schlüssel, um zu verstehen, warum Darwin all diese Ungereimtheiten schrieb, fand ich einmal mehr durch die »Wer-wen-Frage«: Was war sein Motiv? Wofür oder wogegen schrieb er eigentlich? Die Antwort offenbart ein Blick auf Darwins Lebensgeschichte:

Charles Darwin schlug verschiedene Bildungswege ein. Der Unterricht in alten Sprachen und Literatur an einer privaten Internatsschule (1818–1825) gefiel ihm nicht. Nach seiner Schulzeit begann er 1825 ein Medizinstudium an der Universität Edinburgh, das er jedoch nach zwei Jahren abbrach. Sein Vater riet ihm daraufhin, Geistlicher zu werden und in Cambridge Theologie zu studieren. Dieses Studium, das Darwin 1828 begann, absolvierte er ohne besondere Begeisterung. Dennoch schloss er es 1831 erfolgreich ab. Damals war er sich nicht sicher, ob er alles in den »*Neununddreißig Artikeln der Kirche von England*«[132] akzeptieren konnte. Später schrieb er jedoch:

> »*Mir gefiel der Gedanke, ein Landpfarrer zu sein. Dementsprechend las ich mit Sorgfalt Pearsons [John Pearson, 1613–1686] Werk ›The Creed‹ [›Das Glaubensbekenntnis‹] und einige andere Bücher über die Göttlichkeit; und da ich damals nicht im Geringsten an der strengen und wörtlichen Wahrheit jedes Wortes der Bibel zweifelte, kam ich bald zu der Überzeugung, dass unser Glaubensbekenntnis voll und ganz angenommen werden muss.*«[133]

Darwin verstand sich als »orthodoxer Christ«. Er galt nicht als tiefgläubig, aber doch als ein im Glauben fest verwurzelter Mensch.[134] Stark beeinflusst wurde er vom englischen Theologen und Philosophen William Paley (1743–1805). Dieser hatte 1802 in seinem Werk »*Natural Theology or Evidences of the Existence and Attributes of the Deity*« *(Natürliche Theologie oder Beweise für die Existenz und Attribute der Gottheit)* seine naturtheologischen Argumente für die Existenz Gottes dargelegt. Insbesondere argumentierte er eingangs mit der berühmten Uhrmacher-Analogie.[135] Diese Analogie ist ein teleologisches Argument. Vereinfacht kann man die Uhrmacher-Analogie wie folgt zusammenfassen:

> *Man nimmt an, dass jemand beim Spaziergang am Strand eine Uhr findet. Der Finder fragt sich, ob die Uhr rein zufällig entstanden ist oder das Werk eines Designers, eines Uhrmachers ist. Er nimmt Letzteres an. Allerdings ist das Universum in seiner Gesamtheit wesentlich komplexer als die Uhr. Dieser Gedanke führt zu dem Schluss, dass das Universum von einem »Uhrmacher«, sprich von Gott, geschaffen wurde.*

Mit der Uhrmacher-Analogie knüpfte Paley an die Naturwissenschaftler René Descartes (1596–1650), Sir Isaac Newton (1642–1726) und andere aus der Zeit der wissenschaftlichen Revolution an. Diese hatten geglaubt, dass die damals entdeckten physikalischen Gesetze, welche die »mechanische Perfektion« der Funktionsweise des Universums offenbarten, einem geplanten Uhrwerk ähnelten. Einige gingen davon aus, dass der dahinterstehende Uhrmacher Gott sei. Über Paleys Werk schrieb Darwin:

> »Ich glaube nicht, dass ich je ein Buch mehr bewundert habe als Paleys ›Natürliche Theologie‹. Ich hätte es früher fast auswendig aufsagen können.«[136]

Der Wendepunkt: Darwins Bruch mit Gott

Charles Darwin und seine Frau Emma hatten zehn Kinder. Der große Wendepunkt im Leben von Charles Darwin kam 1849. Damals erkrankte seine über alles geliebte achtjährige Tochter Anne Elizabeth Darwin, Spitzname Annie. In den letzten Monaten ihres Lebens, als Annie schwer an Tuberkulose litt, wachte Charles Darwin Tag und Nacht an ihrem Bett. Doch seine Gebete und Hoffnungen auf eine Besserung waren vergeblich. Die medizinischen Möglichkeiten der damaligen Zeit ließen ein Überleben nicht zu. Annie starb am 23. April 1851, kurz nach ihrem zehnten Geburtstag.

Annies Tod war ein schwerer Schicksalsschlag für die Eltern. Darwin war am Boden zerstört und schrieb in seinen persönlichen Memoiren: »Wir haben die Freude am Haushalt und den Trost unseres Alters verloren.«[137] Die britische Wissenschaftshistorikerin E. Janet Browne (geb. 1950) erklärte 1995:

> »Anne war ... der Augapfel ihres stolzen Vaters, sein Lieblingskind, gestand er seinem Freund und Cousin William Darwin Fox.«[138]

Seit dem Tod seiner geliebten Tochter haderte Darwin mit Gott. Darwin konnte ihm nicht verzeihen, dass er Annie nicht gerettet hatte. Das schlug sich auch in Darwins Werken nieder. Nach Annies Tod scheint er von der Idee getrieben gewesen zu sein, dass es für alles im Leben, im Universum, Erklärungen ohne Gott geben müsse. In einem Brief an Frederick McDermott vom 24. November 1880 schrieb Darwin:

> *»Es tut mir leid, Ihnen mitteilen zu müssen, dass ich nicht an die Bibel als göttliche Offenbarung glaube und daher auch nicht an Jesus Christus als den Sohn Gottes.«[139]*

Nick Spencer, renommierter Journalist, schrieb anlässlich des bevorstehenden 150. Geburtstags Darwins in der britischen Times: *»Er war Christ, und ja, er hat seinen Glauben verloren.«[140]*

»Annie's Box«

Um das Jahr 2000 entdeckte Charles Darwins Ururenkel Randal Keynes (geb. 1948), ein britischer Naturschützer, eine Schachtel mit Erinnerungsstücken an Annie, die ihre Eltern Charles und Emma gesammelt hatten. Keynes verfasste eine Biografie über Charles Darwin mit dem Originaltitel *»Annie's Box«*. Die deutsche Ausgabe trägt den Titel: *»Annies Schatulle – Charles Darwin, seine Tochter und die menschliche Evolution.«[141]* Darin zeigt der Autor, wie sehr Charles Darwin durch den Tod von Annie, durch diese private Katastrophe, in seiner wissenschaftlichen Arbeit beeinflusst wurde.[142]

Basierend auf *»Annie's Box«* entstand 2009 der hochkarätig besetzte Film *»Creation«*. Er veranschaulicht eindrucksvoll, wie der Tod von Annie eine große Kluft und Entfremdung zwischen Darwin und seiner immer noch tief religiösen Frau Emma entstehen ließ.[143] Emma bangte aufgrund seiner Gedanken und Theorien um das Seelenheil ihres Mannes.

Im Film wird ebenso darauf eingegangen, dass Darwin, nachdem er das Manuskript seines Hauptwerks fertiggestellt hatte, Zuspruch vom britischen Botaniker Joseph Dalton Hooker (1817–1911) und dem britischen Biologen Thomas Henry Huxley (1825–1895) erhielt. In einer Szene klopft Huxley bezeichnenderweise Darwin auf die Schulter und tätigt die Aussage: *»Sie haben Gott getötet, Sir!«*

Mit Blick auf den Lebensweg Darwins und den Tod seiner geliebten Tochter erscheinen viele seiner verstörenden Theorien und Ansichten weniger überraschend, etwa: »*Unsere Abstammung ist also der Ursprung unserer bösen Leidenschaften! Der Teufel in Form eines Pavian ist unser Großvater.*«[144]

Die Frage nach der Ordnung

Wenn man die Hintergründe und Ambitionen Darwins versteht, wird meiner Meinung nach plötzlich auch der ganze Darwinismus in sich verständlich. Nämlich nach dem Motto: *Erkläre die Welt – und zwar ohne Gott!* Um seine Darstellungen irgendwie halbwegs glaubwürdig zu machen, hat Darwin sich gewunden und vieles verdreht.

Wenn man versteht, wogegen und warum Darwin das geschrieben hat, was er zu Papier gebracht hat, wird klar: Das ist nicht die einzige, allgemeingültige Wahrheit! Vielmehr ist es ist der menschlich, psychologisch gut verständliche und nachvollziehbare Versuch Darwins, etwas in seinem Sinne darzustellen. Wenn man aber genauer hinschaut, ist das Ganze zwar schön gedacht, aber letztlich voller Lücken, Denkfehler, Unklarheiten und Widersprüche.

Darwin bietet eine Erklärung für das Entstehen der Natur und des Menschen, ohne dabei eine geistige Instanz in Erwägung zu ziehen. Doch um Darwins Ungereimtheiten zu durchschauen, ist es gar nicht nötig, an Gott zu glauben. Die Glaubensfrage ist jedem völlig freigestellt. Um die vielen Widersprüche auszumachen, genügt es, einfach die Frage nach einer Ordnung zu stellen. Es genügt, es für möglich zu halten, dass allem Sein und Leben, ob auf der Erde oder im Universum, die elementaren Gegebenheiten einer Ordnung zugrunde liegen. Einer Ordnung durch Naturgesetze, wie beispielsweise der Physik, die aus unserem Leben gar nicht wegzudenken ist. Diese Ordnung sorgt dafür, dass nicht überall Chaos herrscht, sondern die Dinge sich in einem stimmigen Gleichgewicht befinden. Ähnlich der bereits erwähnten Uhrmacher-Analogie – ohne dass deswegen Gott als Uhrmacher hinter dieser Ordnung stehen müsste.

3. Ist der Darwinismus überholt?

Und nun zurück zur Kernfrage, der Konkurrenz-Thematik: Wie wir gesehen haben, stimmt Darwins Theorie »*Survival of the Fittest*« selbst in der Natur nicht. Schon deshalb ist sie für mich als generelle Devise für das Unternehmertum falsch! Ob man dies nun unter dem Aspekt der mangelnden Anpassungsfähigkeit an sich rasch verändernde Märkte sieht oder im Hinblick darauf, dass sich ein dominanter Aspekt durchsetzt und der Stärkste, Klügste, Schnellste, der am besten Gekleidetste oder der Kapitalstärkste siegt.

Darwin ist nicht alternativlos!

Das ist die Essenz bei der Thematik. Darwins Theorien sind eben nicht die ultimative Wahrheit, obwohl uns das heute noch immer so verkauft wird. Das Problem von Darwins Ansatz ist, dass er propagiert: »*The Winner takes it all!*« Es überlebt »*The Fittest*«. Der steht im Licht. Aber wo stehen dann die anderen? Sind das die Verlierer? Die Besiegten, die vergehen, verschwinden, einfach weg sind? Die, die es nicht mehr gibt?

Das hat man lange Zeit gedacht. Aber inzwischen wird vielen klar, dass etwa eine Biene, eine Ameise oder ein Fisch, wichtiger sein könnten für unser aller Leben und Überleben als die Ideen von »*Survival of the Fittest*«, von »*The Winner takes it all!*«

»Survival of the Team«

Die Natur folgt keineswegs nur dem Modell »*Survival of the Fittest*«. Sie folgt dem Modell »*Gemeinsam sind wir stark!*«. Alles arbeitet mit allem zusammen. So stehen etwa die verschiedenen Pflanzen nicht einfach nur da und konkurrieren um den Lebensraum. Im Gegenteil: Sie helfen und unterstützen einander. Denn:

Die Idee der Symbiose ist viel größer als die Idee der Konkurrenz!

Eigentlich ist die Idee *»Gemeinschaft, Zusammenhalt statt Wettstreit«* schon sehr alt. Doch jetzt ist sie die wieder neu Platz greifende Unternehmensidee unserer Zeit! Denn wir benötigen eine Abkehr von der Idee der Alternativlosigkeit. Das gilt insbesondere im Unternehmertum – und zwar im Hinblick auf Innovationen, Gesellschaft und Nachhaltigkeit. Gefragt sind Offenheit und Toleranz. Wir müssen uns vor Augen führen, dass mehrere Leute verschiedene Blickwinkel, Zugänge haben und all diese Aspekte ineinandergreifen. Daraus ergibt sich so etwas, wie eine *kollektive Wahrheit*. Denn niemand, auch nicht Darwin, vertritt die absolute Wahrheit allein. Wir alle vertreten sie zusammen – jeder mit seinem konstruktiven Beitrag und seiner Erkenntnis. Durch die Fülle der verschiedenen Facetten, aus denen wir die Dinge betrachten und dazulernen, finden wir gemeinsam das ideale, stimmige Verständnis. Daher möchte ich als Alternative, als Plan B, den Vorschlag einer Symbiose in den Raum werfen: Wie wäre es statt des *»Survival of the Fittest«* mit dem *»Survival of the Team«*? Also dem Überleben ganzer Teams, ganzer Gemeinschaften, schlussendlich der ganzen Welt – und nicht nur von »The Fittest«?

Auf Dauer wird es nicht funktionieren, den *»Survival of the Fittest«*-Gedanken in den Unternehmen auf die Spitze zu treiben und zu sagen: *»Es geht nur um die Aktionäre. Daher müssen jene, die als die wortlosen Diener arbeiten, für ›The Fittest‹ herhalten – selbstverständlich auch die Kunden oder wer auch immer. Oberstes Ziel ist, die da oben, ›The Fittest‹, zufriedenzustellen!«* Letzteres klappt dauerhaft nur, wenn der Teamgedanke – oder altmodisch der Gemeinschaftsgedanke – um sich greift. Wenn erkannt wird: »*Wir können das nur als Team bewerkstelligen!*« Und wenn somit auch der Aktionär anerkennt: »*Ja, die Kunden, die Mitarbeitenden, die gehören auch zu mir. Deshalb kann ich nur Gewinne machen, wenn wenn alle auch angemessen profitieren. Dann stimmt die Balance!*«

Diese Fähigkeiten sind jetzt besonders gefragt

Wie mehrfach erwähnt, hängt alles symbiotisch mit allem zusammen. Deshalb erwartet man von der Unternehmerin, vom Unternehmer drei Fähigkeiten ganz besonders:

- Weitsicht,
- Umsicht
- und Rücksicht.

Wir sollten schon in der Schule diese drei Fähigkeiten unterrichten, weil sie für den Teamgedanken das A und O sind. So funktioniert auch die Symbiose, das Naturreich. Und eben nicht primär nach dem darwinistischen Ansatz: »*Fressen und gefressen werden!*«

Der Weisheit letzter Schluss?

Auch könnte man dem darwinistischen »*Trial and Error*«-Prinzip einen symbiotischen Ansatz entgegenhalten – zum Beispiel: »*Mut und Demut!*« Den Mut, etwas neu zu sehen, etwas anders zu machen, etwas auszuprobieren, es nochmals zu versuchen. Dazu gehört allerdings auch die notwendige Demut. Die Demut, es für möglich zu halten, dass sich in einer neuen Erkenntnis, einer innovativen Lösung weitere Probleme oder Fragen verstecken könnten. Und sich bewusst zu machen, dass diese Lösung eventuell nicht der Weisheit letzter Schluss, nicht die ultimative, alternativlose Wahrheit ist.

Der österreichisch-britische Philosoph Sir Karl Popper (1902–1994) vollzog in seinem 1934 erschienenen wissenschaftstheoretischen Hauptwerk »*Logik der Forschung*«, das seinen Ruhm begründete, eine radikale Abkehr von der bis dahin gängigen Wissenschaftstheorie.[145]

Er vertraute nicht länger auf das Prinzip der Verifizierbarkeit und des endgültigen Beweises von Theorien. Vielmehr ersetzte er es durch das Prinzip der *Falsifizierbarkeit*, also der Widerlegung einer Aussage, These, Hypothese oder Theorie. Nach Popper geht es in der Wissenschaft nicht um ewige Gültigkeit, sondern darum, Theorien und Hypothesen immer wieder zu verwerfen, um sich so der Wahrheit zu nähern:

> *»Wann immer wir nämlich glauben, die Lösung eines Problems gefunden zu haben, sollten wir unsere Lösung nicht verteidigen, sondern mit allen Mitteln versuchen, sie selbst umzustoßen.«*[146]

Die Natur: Kriegsschauplatz oder symbiotisches System?

Auf den ersten Blick ähnelt die Natur vielleicht da und dort einem Kriegsschauplatz, wie Darwin dies darstellte.[147] Hier war er sich mit dem Schweizer Botaniker Alphonse de Candolle (1806–1893) einig. Letzterer betrachtete den Krieg der Natur als Dauerzustand. Dabei berief er sich unter anderem auf die Doktrin der *»Malthusianischen Katastrophe«*[148] des britischen Nationalökonomen Thomas Robert Malthus (1766–1834), der in der Überbevölkerung des Planeten ein großes Risiko sah.

Doch der genaue, der zweite Blick zeigt: Die Natur ist ein symbiotisches System! Denn alles hat mit allem zu tun, alles hängt mit allem zusammen: Jedes Tier beeinflusst auch alle anderen Arten und Gattungen. Man denke nur an das Albert Einstein (1879–1955) zugeschriebene Zitat: *»Wenn die Bienen aussterben, sterben vier Jahre später auch die Menschen!«*[149]

Das Problem ist: Viele denken, dass der Mensch die sogenannte *»Krone der Schöpfung«* sei und ihm daher die »Ausbeuterposition« zustehen würde. Voller Ignoranz und Überheblichkeit meinen sie: *»Was kümmert es uns, wenn wir mit der Natur im Krieg sind? Wir sind stärker und unterwerfen sie. Basta! Mögliche Folgen sind kein Problem, damit werden wir schon fertig!«*

Es ist stark zu bezweifeln, dass wir alle wirklich verstanden haben, welche Bedeutung etwa die Tiere für uns, das Leben und unseren Planeten haben. Nur wenige ziehen in Erwägung, dass die Existenz bestimmter Tier- und Pflanzenarten maßgeblich Sicherheit dafür bietet, dass wir, unsere Kinder und Enkel in Zukunft noch auf dieser Erde leben können. Das ist ein Gedanke, den viele nicht weiterverfolgen, weil sie eben Darwinisten sind. Sie meinen: »*Das ist doch egal. Wir Menschen sind ohnehin ›The Fittest‹, was interessiert mich dann, was der Rest macht!*« Nur bezüglich des Regenwalds, des Klimawandels und so manch anderer inzwischen deutlich wahrnehmbarer Umweltschäden dämmert uns langsam, dass alles Leben auf unserem Planeten eng miteinander zusammenhängt: Wenn es eine bestimmte Pflanze nicht mehr gibt, dann wird es über auch kurz oder lang auch bestimmte Tierarten nicht mehr geben. Dies hat wiederum Auswirkungen auf unzählige andere Pflanzen und Tierarten. Alles ist vernetzt. Deshalb hat auch die Frage, wie viele Bäume im Amazonas-Regenwald stehen, Auswirkungen auf Europa, obwohl der Regenwald sehr weit weg ist.

Das alles zeigt ganz klar: Die Welt, die Natur ist kein Kriegsschauplatz, sondern ein großes, symbiotisches Konzert. Egal, ob man nun von einem Konzert mit oder ohne Dirigenten ausgeht. Deshalb ist für mich der folgende Ausspruch Darwins obsolet: »*Alle Natur befindet sich im Krieg miteinander oder mit der äußeren Natur!*«[150]

Es gibt diesbezüglich ein faszinierendes Anschauungsbeispiel, das ich Ihnen ans Herz legen möchte. Das Beispiel untermauert ganz praktisch, dass die Natur eben nicht dem darwinistischen Grundgedanken »fressen und gefressen werden« oder »permanenter Krieg« folgt. In dem Beispiel geht es um die Wiederansiedlung von Wölfen im Yellowstone Nationalpark. Nachdem man die Wölfe 1926 aufgrund einer Kampagne der Regierung komplett ausgerottet hatte, war das Ökosystem völlig aus dem Gleichgewicht geraten. Das bewog die Parkleitung schließlich zum Umdenken. 1997 begann man mit der Wiederansiedlung von Wölfen im Nationalpark. Heute sind dort dank der Wölfe unter anderem auch die Hirschbestände wieder stabil und gesund – und die Natur ist wieder in einer gesunden Balance.

4. Darwins katastrophaler Beitrag

Es lässt sich allein schon per gesundem Menschenverstand und Logik für jedermann erschließen: Wenn Darwins Theorie stimmen würde, dann wäre Krieg der Normalzustand, in dem sich alle wohlfühlen würden. Aber niemand fühlt sich wohl im Krieg. Er wird nicht als stimmiger natürlicher Zustand erlebt, sondern als Störung der Ordnung.

Wäre dagegen Krieg die natürliche Form des Daseins, dann dürfte niemand daran Anstoß nehmen. Dann wäre alles Leben von A bis Z nichts anderes als ein ständiger Krieg. Jeder gegen jeden. Auch in der Familie, in der Partnerschaft und zwischen den Generationen. Etwas anderes als Krieg, harter Wettbewerb und brutale Konkurrenz wäre so nicht denkbar.

Der Krieg als Wohlfühlfaktor?

Angesichts der globalen Krisen, bewaffneter Konflikte und Kriege, erkennen wir deutlich: Krieg ist kein Mittel der Wahl! Schließlich zeigt uns der Blick in die Geschichte ebenso wie in die Gegenwart, dass am Ende der Sieg, noch niemandem etwas gebracht hat. Das gilt auch für den Sieg des Stärkeren – sei es in der Politik oder in der Wirtschaft. Ja, vielleicht existiert das Unternehmen, das seinen Konkurrenten knallhart aus dem Markt gedrängt hat, noch ein paar Jahre länger. Aber nur, um früher oder später ebenfalls unterzugehen. Was hat es also gebracht?

Die Welt oder die Natur als einen permanenten Kriegsschauplatz zu betrachten, den Krieg als einen vorteilhaften Zustand zu bezeichnen, ja sogar zu behaupten, der Krieg sei der natürliche Zustand, das ist höchst gefährlich! Für mich sind Darwins diesbezügliche Theorien ein fataler Irrweg, brandgefährlich und zerstörerisch, und das alles im Namen der Wissenschaft? Damit hat er einer zerstörerischen Weltanschauung Tür und Tor geöffnet. Seine Theorien wurden leider von sehr vielen Wissenschaftlern, aber auch von anderen Menschen für bare Münze genommen und als die neue Erklärung der Welt betrachtet. Das hat auch allen Kirchenkritikern, Atheisten und Materialisten in die Hände gespielt, die gesagt haben: *»Endlich haben wir eine Welterklärung, die ohne Gott auskommt!«*

Gesunde Konkurrenz erfordert Spielregeln

»Konkurrenz belebt das Geschäft!« In einem gesunden und vertretbaren Rahmen ist dies zweifellos oft der Fall. Dennoch bleibt diese belebende Konkurrenz nur dann in einem sinnvollen, nützlichen und vertretbaren Rahmen, wenn entsprechende Spielregeln gelten.

Natürlich gibt es in der Natur Konkurrenzkämpfe. Das weiß jeder, der in die Natur schaut. Das stärkere Männchen besiegt den Nebenbuhler und bekommt das Weibchen. In der Tierwelt gibt es unbestritten die Frage: Wer ist jetzt der Stärkere? Ein Kräftemessen. Ebenso gibt es Machtkämpfe, Revierkämpfe, die Verteidigung von Besitz, Notwehr. Es gibt auch Übergriffe, Angriffe, den Kampf ums Überleben, um die Führungsrolle.

Das allgemeine Thema »Kampf« gibt es auch unter den Menschen. Es kann eben nicht zwei Chefs, zwei Bundeskanzler geben. Aber der Kampf darum ist so zu verstehen, wie bei den Olympischen Spielen: Es ist ein Kampf um den ersten Platz. Denn der Grundgedanke ist, dass alle gegen alle antreten und am Ende nur einer ganz oben auf dem Treppchen stehen kann. In Ausnahmefällen oder bei Mannschaften vielleicht auch mehrere. Aber die anderen belegen eben die Plätze dahinter. Das ist ein Teil der Realität. Aber es ist nichts Kriegerisches oder Bösartiges. Denn in solchen Wettbewerben oder in jedem Rechtsstaat gilt: Es gibt Spielregeln, innerhalb derer ein fairer Kampf stattfinden kann.

Die Natur ist davon nicht weit entfernt. Wenn zum Beispiel zwei Hirsche um die Vorherrschaft und um ihre Hirschkühe kämpfen, läuft das nach bestimmten Regeln und Gesetzen ab. Der Kampf findet zu bestimmten Zeiten, an bestimmten Orten, mit bestimmten vorgegebenen Verhaltensmustern statt und ist völlig in Ordnung.

Was dabei aber nicht passiert, ist, dass der unterlegene Hirsch die Ameisen aufhetzt und ihnen sagt: »*Ihr müsst jetzt unbedingt gegen den siegreichen Hirsch in den Kampf ziehen. Euch zu Millionen zusammenschließen. Mich rächen und meinen Widersacher bei lebendigem Leibe auffressen!*« Übertragen auf die Menschenwelt heißt dies: Das wäre unfair. Es wäre gegen die Spielregeln. Gegen die ungeschriebenen und auch gegen die geschriebenen Gesetze.

In der Natur ist der Kampf selbst ein Spiel, ein Wettstreit. Ja, manchmal auf Leben und Tod. Aber es ist erstens ein Spiel mit Regeln und zweitens ein Spiel, das nur »*so viel Gewalt wie nötig und so wenig wie möglich*« einsetzt. Der überlegene Hirsch jagt den unterlegenen nicht tagelang, bis er ihn endlich erlegt hat. Er ist überlegen – und das genügt ihm. Und der andere Hirsch? Der ist unterlegen – und das akzeptiert er auch. Damit ist die Sache erledigt; damit ist der Konflikt beendet. Das ist die Spielregel.

Nachtreten und sich rächen, das gibt es in der Natur nicht. Aber leider gibt es das unter Menschen. Und das ist das Problem. Kämpfe unter Menschen werden oft entweder gar nicht nach Spielregeln geführt oder die Regeln werden einfach gebrochen oder ignoriert. Kämpfe werden über das Notwendige hinaus fortgesetzt: Sie werden maßlos, sie eskalieren. So wie wir es auch im Russland-Ukraine-Krieg gesehen haben. Hier gingen Soldaten gegen Zivilisten, Frauen oder Kinder vor, die mit dem Kampfgeschehen nichts zu tun hatten. Sie bombardierten Krankenhäuser, Theater oder Schulen, die auf dem Papier, nach den Spielregeln, durch das Kriegsvölkerrecht ausdrücklich geschützt waren. Das waren verheerende menschliche Exzesse, die es in der Natur nicht gibt.

Post-darwinistische Unternehmenskultur

Eigentlich müssten wir Menschen uns heute eingestehen, dass die darwinistische Evolutionslehre eine interessante Idee war, aber mitnichten zu einem stimmigen Welt- und Naturverständnis geführt hat. Ganz im Gegenteil. Denn der Darwinismus, dieses »*Survival of the Fittest*«, suggeriert uns, dass wir »*The Fittest*« sind. Und dann steht dummerweise auch noch im Alten Testament, in der Schöpfungsgeschichte des 1. Buch Mose in der Genesis, dass der Mensch die »*Krone der Schöpfung*« sei.[151] Oder jedenfalls kann man das so interpretieren. Und scheinbar ermächtigt uns dies, die wir ganz oben an der Spitze der Nahrungspyramide stehen, uns den Rest der Welt willkürlich untertan zu machen. Ohne dabei aber konkret zu überlegen, wie die Schriften der Genesis in dem Punkt angemessen zu verstehen, zu interpretieren sind.

Die zweigleisige Doktrin, einerseits dieses »*Survival of the Fittest*« und andererseits diese arrogante Interpretation, dass sich der Mensch als »*Krone der Schöpfung*« die Welt willkürlich untertan machen soll, hat eine toxische Mischung ergeben. Letztlich hat sie dem »Siegeszug« – eigentlich dem Vernichtungszug – des Menschen über den Planeten, massiven Vorschub geleistet.

Was haben wir nach über 150 Jahren Darwinismus gelernt? Es war fatal, katastrophal, den Darwinismus als Grundhaltung in die Wirtschaft, in Managementtheorien, in die Politik, ja in das gesamte menschliche Leben zu übertragen. Und genau deshalb gehört der Darwinismus meiner Ansicht nach nicht mehr in die Lehrbücher moderner Politologen oder Wirtschaftstheoretiker und so weiter. Und erst recht nicht in die Köpfe von Gründerinnen, Gründern, Unternehmerinnen und Unternehmern oder Unternehmensführern.

In einigen Ländern brodelte schon seit einigen Jahren eine Debatte darüber, ob man Darwins Evolutionstheorie, weil unwissenschaftlich, aus Schulbüchern entfernen sollte. Die Türkei hat dies bereits 2017 beschlossen.[152] Im April 2023 ist Indien diesem Beispiel gefolgt. Unter großem Aufschrei der Wissenschaft wurde die Evolutionstheorie dort aus den Unterrichtsmaterialien für Schüler unter 16 Jahren entfernt.[153]

Auf dem Darwinismus als die ultimative Wahrheit zu beharren, ist ungefähr so deplatziert und kurzsichtig, wie wenn manche Wissenschaftler sagen: »*Wir erforschen die Entstehung des Universums!*« Aha? Wirklich? Und wie bitte sollte das überhaupt möglich sein? Das heißt doch, dass sie nur bis kurz nach dem Urknall zurückgehen. Das klingt alles schön und gut. Aber bis kurz nach dem Urknall ist nicht bis zum Urknall. Und schon gar nicht davor. Also was war vor dem Urknall? Oder warum gab es ihn überhaupt? Oder warum geschah er so und nicht anders? Und wenn man die Zeit experimentell auf den Kopf stellen wollte, wäre folgende Frage interessant: »*Warum fand der Urknall gerade dann statt und nicht früher oder später?*«

Das große Problem dabei ist nur, dass der Urknall selbst überhaupt nichts über die ersten Kapitel der Entstehung der Schöpfung erklärt. Er ist nur ein schönes Bild für die Grenzen des Erforschbaren.

Es wäre daher sinnvoll, wenn sich heute aufgeklärte Entscheidungsträger sowie Unternehmerinnen und Unternehmer hinstellen und sagen würden:

1. »*Der Darwinismus ist schön und gut, aber er ist nicht stimmig! Er ist weder schlüssig noch vollständig beweisbar. Es bedarf allerlei Klimmzüge und Verdrehungen, um daran festzuhalten.*«

2. »*Diese Theorie ist hochgefährlich, weil sie die Grundlagen des menschlichen Lebens zerstört. Sie führt zu einem völlig falschen Machtverständnis des Menschen, zu ruinösen Verhaltensweisen.*«

5. Faszination Symbiose: das Modell der Zukunft

Die Welt der Symbiose, des Zusammenlebens unterschiedlicher Organismen zum gegenseitigen Nutzen, ist faszinierend. Der Begriff wurde 1879 von dem deutschen Naturforscher Heinrich Anton de Bary (1831–1888) geprägt.[154] Symbiotische Beziehungen können obligat sein. Das heißt: Einer oder beide Symbionten sind für ihr eigenes Überleben vollständig voneinander abhängig. Von einer fakultativen Symbiose spricht man, wenn die Symbionten generell unabhängig voneinander leben können. Tatsächlich besteht der größte Teil der Biomasse auf der Erde aus symbiotischen Systemen.[155] Hier zwei Beispiele:

- Ein Beispiel eines symbiotischen Systems, das fast jeder kennt: Ein Großteil der Blumen, Bäume und Sträucher ist auf die Bestäubung durch andere Arten angewiesen. Ein schönes Exempel für dieses Zusammenspiel liefern uns Wissenschaftler des Kärntner Pollenwarndienstes, die sich fragten, woher die Bäume eigentlich wissen, dass es Zeit für den Pollenflug ist. Es stellte sich heraus, dass Bäume rechnen können.[156] Die Hasel, die Grau- und Schwarzerle zählen ab dem 1. Dezember jedes Plusgrad zusammen. Bei etwa 160, 170 Grad sind die ersten Pollenkörner in der Luft und bei etwa 290 aufaddierten Grad beginnt der starke Pollenflug. Die Birke zählt ab dem 1. März bis etwa 440 Grad und beginnt dann mit dem Pollenflug.

- Ein weiteres Beispiel der Symbiose ist die komplexe Darmflora des Menschen. Die Bedeutung der Darmflora für unsere Gesundheit, das Gehirn und ein gesundes, langes Leben ist gar nicht zu überschätzen. Die Forschung hierzu steckt jedoch noch in den Kinderschuhen.[157]

Die wohl großartigste Tatsache in der Natur in Bezug auf Symbiose ist, dass es nirgendwo auf unserem Planeten eine von der Natur deklarierte Müllhalde gibt. Nirgendwo hatte die Natur jemals die Idee von Müll oder Restmüll oder nicht wiederverwertbarem Dauermüll. In der Natur ist alles in einem Kreislauf. Es gibt nichts, was nutzlos oder irgendwie wertlos übrig bleibt. Alles wird wiederverwertet, weiterverwertet, weiterverwendet. Alles hat einen Wert. Alles ist eingebunden. Nichts ist wertlos. Die Natur nimmt sich nicht mehr, als sie zum Leben braucht.

Als wir Menschen begannen, so viel Kommerz und Konsum in unser erklärtes Wertesystem aufzunehmen, haben wir einen schweren Fehler begangen. Denn wir haben die Kehrseite der Medaille nicht bedacht. Das ist ein grober Regelverstoß, der sich immer mehr rächt. Der Mensch ist maßlos geworden. Maßlos gierig, maßlos verschwenderisch, maßlos in seinen Ansprüchen, maßlos in unserem Verständnis von dem, was uns zusteht. In unserer Maßlosigkeit zerstören wir das »natürliche Gleichgewicht« aller anderen Lebewesen auf diesem Planeten. Wir verändern oder beenden es, wann und wie es uns gerade passt. Weil wir glauben, als »The Fittest« hätten wir das Recht dazu und als die Überlegenen würden wir immer überleben – komme, was da wolle! Dabei vergessen wir, dass wir und nachfolgende Generationen am Ende mit dem Schaden leben müssen, den wir anrichten.

Wollte man Darwin einmal gedanklich auf die Spitze treiben, so stellt sich die Frage, wer am Ende wirklich »The Fittest« sein wird? Denn der Stärkste oder Anpassungsfähigste, »The Fittest«, wird am Ende wohl kaum der Mensch sein. Wahrscheinlich wird es am Ende die Küchenschabe oder die Ameise sein. Vielleicht schaffen es auch die Ratten. Wir Menschen wohl kaum. Denn wenn wir so weitermachen wie bisher, berauben wir uns systematisch unserer Lebensgrundlagen.

Hört auf mit dem maßlosen Konkurrenzdenken!

Wir benötigen eine neue, sozusagen eine post-darwinistische Unternehmenskultur! Denn gerade mit dem sogenannten Nachkriegsboom der 1960er-Jahre, dem Golden Age of Capitalism, und erst recht seit den 1980er-Jahren haben wir durch den auch in der Management-lehre etablierten »The Fittest«-Wahn die Unternehmenskultur im Prinzip an die Wand gefahren. Diese Fehlentwicklung schreit geradezu nach einer Neupositionierung. Oder will jemand ernsthaft behaupten, es sei gut, normal, gesund und nachhaltig, ein »*The Winner takes it all*« zu akzeptieren? Das ist doch unverantwortlich!

Das neue Unternehmensmodell, mit dem man in Zukunft nachhaltig erfolgreich sein kann, sieht anders aus als das, was uns jahrzehntelang eingeimpft worden ist. Das betrifft nicht nur die Politik und unsere Versorgung mit Rohstoffen, mit Energie und die Globalisierung. Es betrifft ebenso die Frage, wie man in der neuen Zeit ein Unternehmen erfolgreich nachhaltig führt. Das geht nicht mehr so wie in den vergangenen Jahrzehnten. Es wird anders. Deshalb: Leute, hört auf mit dem ständigen, maßlosen Konkurrenzdenken, mit dem andauernden, exzessiven:

- » *Wie kann ich meinen Konkurrenten ausstechen oder gar ausschalten?*«
- » *Wie kann ich den noch übertreffen?*«
- » *Wie kann ich noch besser, schneller, mächtiger sein als der andere?*«
- » *Wie kann ich noch mehr schnelles Geld machen?*«

Dieses Krebsgeschwür des Egoismus bringt uns nicht mehr weiter. Das bringt am Ende die ganze Welt an den Abgrund. Auf Dauer bringt das niemandem etwas. Dieses Leitbild des maßlosen Wettbewerbs, Wachstums und Fortschritts um jeden Preis, das kommt langsam an sein Ende. Weil es am Ende nicht »*Survival of the Fittest*« heißt, sondern nur noch: »*Der Sieg gehört dem Stärksten!*« Im Sinne von »*The Winner takes it all!*«.

Die Dominanz von »*The Winner takes it all*« und »*The Survival of the Fittest*« bedeutet, und das sollten wir uns alle bewusst machen, letztlich nur den Untergang unser aller Sicherheit, Freiheit und Wohlstand! Die Folgen sind (Wirtschafts-)Diktatur, Ausbeutung auf Kosten der Mehrheit, immenser Reichtum nur noch für die Kleptokratie oder die Oligarchie, jedenfalls nur mehr für die oberen Zehntausend. Immer mehr Menschen, auch immer mehr junge Menschen, begreifen das. Und: Sie gehen deshalb auf die Straßen!

Lernen wir von der Meisterin der Nachhaltigkeit – der Natur. Sie macht es uns vor: Gemeinsam sind wir stark. Alles arbeitet mit allem zusammen, ist vernetzt, konkurriert nicht brutal und rücksichtslos bis zum bitteren Ende, macht nicht den anderen kaputt, sondern jeder unterstützt den anderen. Der Nutzen, die Nachhaltigkeit durch Symbiose, durch Kooperation ist viel größer als der Gedanke des auf die Spitze getriebenen Wettbewerbs. Denn der ist letztlich nichts anderes als eine Form des Krieges.

Das Modell, das Weltbild für Gemeinschaft und Zusammenhalt gegen zerstörerische Konkurrenz, ist eigentlich ein altes. Aber es wird wieder zur neuen Unternehmensidee unserer Zeit. Es sollte in eine neue, vor allem nachhaltig gelebte Unternehmenskultur münden. Das ist, was schon der frühere Handwerker, der Kaufmann und der Fabrikant der klassischen Zeit kannten und erfolgreich lebten.

Es geht nicht mehr um den Sieg. Es geht um die Balance!

Worum es dem Unternehmer und der Unternehmerin heute gehen sollte, ist nicht: *»Ich bin siegreich, und dann habe ich es geschafft!«* Sondern: *»Mir gelingt die Balance – und zwar überall!«* Die Balance:

- in der Kalkulation,
- zwischen fordern und fördern der Mitarbeitenden,
- von Anspruch, aber auch von Nachsicht,
- zwischen Arbeitszeit und Freizeit,
- insgesamt mit den anderen Unternehmen,
- mit der Natur: *»Ist das naturverträglich, was ich da mache oder ist es eben rücksichtslos?«*

Es geht nicht mehr um den Sieg. Das zeigt sich ganz besonders bei kriegerischen Auseinandersetzungen. Zu siegen, um hinterher auf einem Trümmerhaufen zu stehen und ein verkohltes Stück Holz als Trophäe in der Hand zu halten, was ist das für ein Sieg? Also, weg von diesem *»Ich bin der Sieger!«* – hin zum Gedanken: *»Es geht um Balance!«*

Leben und leben lassen

Der zentrale Punkt für die neue Unternehmensidee sind neue Spielregeln. Sodass es zwar gesunde Konkurrenzkämpfe gibt, aber nur so weit, dass kein »*The Winner takes it all!*« mehr akzeptiert wird. Dass der Gier und Rücksichtslosigkeit auf Kosten anderer klare Grenzen gesetzt werden. Und dass es bei dem Spiel mit dem Wettbewerb allen gut geht.

Dass Konkurrenz das Geschäft belebt, anspornt, ist schon richtig. Damit dieses Spiel jedoch nicht ins Kriegerische kippt, braucht es ein anderes Denken und Benehmen sowie adäquate Spielregeln, die schlussendlich auch einzuhalten sind. So wäre es angebracht, als dominanter Anbieter, ob groß oder klein, zum Beispiel zu sagen: »*Diese oder jene Regionen oder Firmen, die beliefere ich. Aber ich achte darauf, dass der andere auch noch ein Auskommen haben kann. Beispielsweise in anderen Regionen oder mit ein paar anderen Kunden.*«

Platz 1 im Ring anzustreben ist völlig okay, aber dann sollte man den anderen bitte noch Platz 2 und Platz 3 gönnen und mindestens noch ein paar Dutzend weitere Plätze ermöglichen. Es sollte das Motto »*Leben und leben lassen!*« wieder einkehren.

Und wer im Wettbewerb ein Foul spielt, der gehört – je nach Schwere – vom Schiedsrichter entweder mit der Gelben Karte verwarnt oder mit der Roten Karte konsequent aus dem Spiel genommen.

Wir benötigen dringend ein neues Weltbild

Es bedarf eines tiefgreifenden Wandels hin zu einer neuen Weltsicht – weg vom reinen »rationalen« Denken – hin zur Erkenntnis: Es gibt eine Ordnung. Diese Ordnung gewährleistet, dass die Natur mit sich selbst im Einklang ist und sich am wohlsten fühlt, wenn man sie weitgehend in Ruhe lässt. Stört man sie, übermäßig jedenfalls, oder hebt man sie gar aus den Angeln, dann hört die Natur auf, sich wohlzufühlen. Und dann gibt es Krieg.

Darwins katastrophaler Beitrag mit seinen Theorien ist es, den wunderbaren Vorteil mit der Ordnung und dem Wohlfühlen einfach totzuschweigen, zu ignorieren, völlig auszuklammern. Es war fatal, dass Darwin in seiner Wut auf Gott bewusst nur die Bereiche herausgegriffen hat, wo Krieg herrscht. Und den Krieg auch noch zum Urzustand der Natur erklärt hat. Nur, um mit Verdrehungen und Verrenkungen einen Schuh daraus zu machen, um nicht eingestehen zu müssen, dass es eine stimmige Ordnung, eine Balance gibt.

Wir müssen schleunigst aufhören mit der darwinistischen Interpretation von wir sind *»The Fittest«* – und dazu noch in Kombination mit der fehlgeleiteten Interpretation von *»Der Mensch ist die Krone der Schöpfung!«* und *»Macht Euch die Erde untertan!«*. Denn das hat zu einem kolonialen Machverhältnis des Menschen zur Erde und zur Natur geführt. Der Mensch sagt:

»Wir besetzen euch – und wir machen hier, was wir wollen. Ihr seid ohnehin alle minderwertige Wesen, Elemente oder Teile der Natur! Wir züchten ›Nutz‹-Tiere und Pflanzen auch industriell. Wir nehmen den Tieren das Leben. Der Erde ihre Ressourcen. Wann und wie immer wir wollen. Das ist uns doch egal. Wir verschmutzen. Wir vermüllen selbst die Gewässer. Wir machen Party, weil wir es können und dürfen. Schließlich sind wir doch ›The Fittest‹, ›The Strongest‹ und ›The Best‹ überhaupt.«

Aber das wird die Erde, die Natur auf ihre Art und Weise beantworten. Inzwischen wird es den Menschen ja langsam klar, dass die Erde und die Natur das zwar immer hingenommen haben. Allerdings nach dem Motto: *»Macht ihr mal. Wir brauchen hier gar nichts gegen euch zu unternehmen. Wir brauchen das Pendel nur zurückschwingen zu lassen!«* Jetzt dreht sich langsam die Lage. Nun macht sich die Erde sukzessive den Menschen untertan. Und dann wird man sehen, was dabei am Schluss herauskommt.

Insofern wird es immer wichtiger – allein schon aus Egoismus, falls jemand nur so denkt –, den Darwinismus zu verbannen und dieses *»Macht euch die Erde untertan!«* angemessen, anders zu interpretieren. Wer etwas weiterdenkt, versteht und weiß, dass der Mensch eine *»Verantwortungsposition«* und keine *»Ausbeutungsposition«* hat! Nur kann man niemanden zwingen, so zu denken. Aber gerade Unternehmerinnen und Unternehmer könnten hier eine Leuchtturmrolle spielen.

Wir sollten mit Bewunderung auf unser Universum als ein Meisterwerk schauen, mit Ehrfurcht auf ein so gelungenes Zusammenspiel der Ordnungen. Dementsprechend sollten wir angemessenen mit der Erde und der Natur umgehen. Und wir sollten endlich dazu übergehen, die Natur nicht nur als ein »tolles« Schlachtfeld zu betrachten, sondern klar zu sagen: *»Auch die Würde der Natur ist unantastbar!«*

Wir sollten unsere Prinzipien erweitern, um zu verstehen, dass das *»Macht euch die Erde untertan!«* bedeutet: *»Verwaltet sie gut!«* Daraus ergäbe sich über Jahrtausende hinweg ein viel bekömmlicheres Verhalten.

Mit gutem Beispiel voran

Einen vorbildlichen kleinen Schritt in diese Richtung hat Spanien getan. Das Unterhaus hat im März 2023 ein Gesetz zur Änderung des Strafgesetzbuches verabschiedet, um Haustiere als *»fühlende Wesen«* künftig besser vor Vernachlässigung, Aussetzung und Quälerei durch ihre Halter zu schützen.[158]

Auch in einigen Vorstandsetagen börsennotierter Konzerne bewegt sich etwas in diese Richtung. Unter dem Titel *»Werte als Währung«* veröffentlichte das Forbes Magazine 2021 ein Interview mit der ehemaligen BASF-Vorständin Saori Dubourg.[159] Darin meinte die Top-Managerin, sie sei sich sicher, dass die nächsten 25 Jahre fundamental anders aussehen werden als die vorangegangenen:

> *»Wir sind mitten in einem Paradigmenwechsel – vom Zeitalter der Globalisierung in eine Zeit der klugen Ressourcennutzung. Die neue Dekade bedeutet eine Transformation von Mengenwachstum in Richtung eines ganzheitlichen Wertbeitrags ... Wir haben uns schon vor über zehn Jahren mit der Frage, welchen wahren Wert Unternehmen eigentlich schaffen, beschäftigt, und haben dann schnell festgestellt, dass dieses Thema auch viele andere Unternehmen intensiv beschäftigt. Das war der Anfang der Value Balancing Alliance.«*

6. Die neue Unternehmensidee: Ist der Löwe stärker als die Mücke?

Für die Gründer- und Start-up-Szene ist es wichtig zu verstehen, dass die neue Zeit nicht mehr die ist, in der ein erfolgreiches Start-up ein statisches Unternehmen ist. Gerade ein Start-up, ein junges Unternehmen – idealerweise auch ein »ausgewachsenes« –, sollte ein dynamischer, flexibel wandelbarer, also elastischer Organismus *in Bewegung* und zugleich *eine Bewegung* sein.

Die alte, statische Unternehmensstruktur und -organisation hat ausgedient! Denn heute ist alles im schnellen, dynamischen Fluss der Veränderung. Das heißt: Es geht nicht vorrangig um Businesspläne und irgendwelche Finanzkalkulationen, sondern es geht in erster Linie um folgende Fragen:

- »*Was bewegt uns?*«
- »*Wen bewegt das eigentlich?*«
- »*Was bewegen wir?*«
- »*Wen bewegen wir*«
- Und: »*Wen können wir in Bewegung bringen?*«

Und dieses Bewegen heißt:

- »*Welche Argumente,*
- *welche guten Gründe,*
- *welchen Nutzen, welche Vorteile,*
- *aber auch welche Gefühle, welche Emotionen können wir im Markt, bei den Menschen, bei den Käufern, bei den Interessenten wecken?*«

»*Survival of the Team*« – Weitsicht, Umsicht und Rücksicht

Wie schon erwähnt, benötigt eine Unternehmerin, ein Unternehmer, um mit ihrem oder seinem Team in einem symbiotischen System dauerhaft erfolgreich zu sein, auch die Kompetenz für Weitsicht, Umsicht und Rücksicht.

Weitsicht: Weitsicht im Sinne von offen in die Zukunft »schauen«. Offen für die Zukunft sein. Weitsicht im Sinne von Inspirationen und Ideen. Was gibt es noch nicht oder wie könnte man ein Problem lösen? Oder was könnte die Antwort auf eine aktuelle Herausforderung sein? Was könnte in der nächsten Zeit wichtig und relevant werden?

In der heutigen Zeit sind das Fragen wie:

- *»Wie ernährt man sich?«*
- *»Wie geht man mit Energien um?«*
- *»Wie kann man Energien speichern oder auch transportieren?«*
- *»Wie lösen wir eines unserer Hauptprobleme – die Müllfrage?«*

Im letzten Jahrhundert haben wir gelernt, Waren im großen Stil und global zu transportieren. Am Ende des 20. Jahrhunderts haben wir gelernt, gigantische Informationsvolumina durch die Digitalisierung über das Internet zu transportieren. Und jetzt ist es an der Zeit zu lernen, Energien zu transportieren. Denn es geht nicht nur um die Energiegewinnung, sondern ebenso um Lösungen für die Speicherung und den Transport von Energie. So gäbe es etwa in der Sahara immens viel Sonnenenergie. Die Herausforderung ist nur: Wie bekommt man die Sonnenenergie von dort beispielsweise nach Finnland, Hamburg, Neu-Delhi, Alaska oder sonst wo hin?

Es stellt sich also die Schlüsselfrage: *»Wie transportiert man Energien und wie speichert man sie so, dass man sie sozusagen in Päckchen verpacken, irgendwo zwischenlagern und nach Bedarf dann beispielsweise 10 Päckchen Energie zum Verbraucher liefern kann?«* Dies wird, wenn jemand weitsichtig ist, eine interessante Frage sein, um sich als Unternehmerin, als Unternehmer, um eine Lösung zu kümmern.

Umsicht: Die Umsicht betrifft mehr die Gegenwart: »*Was passiert gerade links und rechts von mir?*« Um in diesem Bild des Energietransports fortzufahren:

- »*Gibt es schon andere, die daran forschen, und wie weit ist der Stand der Dinge?*«
- »*Wer ist hier der für mich ausgesprochen klug erscheinende Kopf?*«
- »*Gibt es dazu Veröffentlichungen?*«
- »*Gibt es schon einen Markt oder ein Land, dass das bereits macht oder darin irgendwie weiter fortgeschritten ist?*«
- »*Wie ist die Gesetzeslage?*«
- »*Was dürfte das irgendwann einmal kosten?*«
- »*Wie werden sich andere relevante Kosten und Preise entwickeln?*«

Rücksicht: Rücksicht heißt, ich schaue auch immer wieder zurück. Also, ich agiere nicht wie der Elefant im Porzellanladen, sondern ich nehme Rücksicht auf:

- diejenigen, die unter mir sind,
- jene, die hinter mir sind,
- die, die vielleicht nicht so denken wie ich,
- diejenigen, die vielleicht ganz andere Notwendigkeiten haben,
- jene, die geschützt werden müssten, die meine Hilfe benötigen,
- die, die vielleicht durch mich einen Arbeitsplatz, ein Einkommen bekämen.

Hierin versagt leider auch die Politik. Gerade wenn es etwa um das Thema Nachhaltigkeit, »grüne« Technologien wie das Heizen, den Energieverbrauch, die Mobilität oder um weniger Abhängigkeit von anderen oder um Preisentwicklungen geht. Die Politik proklamiert einfach: »*Wir machen das eine oder andere jetzt einfach so!*« Ja, toll, und ein paar Millionen Leute fragen sich: »*Aber bitteschön, wie soll das denn praktisch funktionieren?*«

Vieles davon ist ja hübsch, schön, vorbildlich gedacht, passt auch in die Zeit und ist erstrebenswert. Nur, das *Wie* stimmt nicht! Man überfordert die Menschen häufig, ob mit der Leistbarkeit, Bürokratie, fehlenden Anreizen, zu engen Fristen, mangelnden Alternativen. Und was nicht praktikabel ist, so nicht geht oder nicht zumutbar ist, das ist rücksichtslos! Das Bestreben an sich mag zwar nicht falsch sein, aber es wird falsch dadurch, dass es rücksichtslos ist.

Das lebensfähige Start-up

»Das ist mein Start-up und das ist dein Start-up und dann sehen wir in fünf Jahren, wer besser ist, wer länger durchhält und wer mehr kann!« Das sind die schon erwähnten Spielchen für Draufgänger. Für diese Spielchen und diesen Egoismus sind die Zeiten inzwischen nicht mehr gemacht. Was jetzt funktioniert:

> *»Ich mache mein Start-up. Aber wen gibt es hier denn noch? Und wie könnten wir zusammenarbeiten? Wo gibt es eine Symbiose, bei der ich auch partizipieren kann?«*

Das ist die neue, zeitgemäße Idee des Jungunternehmers oder einer Jungunternehmerin! Wer heute ein Start-up, ein Unternehmen gründet und davon ausgeht, dass er eine tolle Geschäftsidee hat, der sollte sich fragen:

- *»Wer oder was könnte mir dabei helfen?«*
- *»Und wem könnte ich helfen?«*
- *»Mit wem könnte ich kooperieren?«*
- *»Wen könnte ich noch mit ins Boot holen, der ohne mich nicht den Sprung ins Unternehmertum wagen würde, aber es doch wagt, wenn ich ihn einbeziehe?«*

Es gilt die Idee der konstruktiven Kooperation, der Symbiose:

- Wir als Gründer suchen uns sinnvolle, nachhaltige Kooperationen.
- Wir suchen uns vielleicht auch sinnvolle Zusammenhänge, die man bestimmten Prinzipien unterordnet.
- Wir suchen zum Beispiel alle anderen, die in einem bestimmten regionalen Bereich tätig sind oder die bestimmte Werte auch für wichtig halten.

- Oder wir suchen alle anderen, die schon Jungunternehmer sind, aber noch nicht auf festen Beinen stehen.
- Oder wir suchen alle, die gemeinnützig sind.
- Oder wir schließen uns zusammen, bilden einen Cluster, weil wir alle dieses oder jenes große gemeinsame Ziel haben. Hierzu kann man sich durchaus einige Anregungen vom japanischen Modell der Keiretsus holen.[160]

Also grundsätzlich offen in die Szene schauen und fragen: »*Hey, bewegt euch das auch? Dann bewegt es mich auch. Dann lasst es uns doch gemeinsam bewegen!*« Das ist im Prinzip genau der ursprüngliche, klassische Unternehmergedanke. Dieser Gedanke existierte, bevor Unternehmer zu Managern oder Geschäftsführern wurden. Im 19. Jahrhundert, als die Unternehmer ganz klassisch diejenigen waren, die die Idee hatten, die Ressourcen, die Beziehungen, den Mut, die Familie hinter sich wussten und die Ärmel hochkrempelten und sich sagten: »*Aus meinem Traum vom Motor mache ich jetzt das Auto in meiner Garage zu Hause. Und mein Mann oder meine Frau, ein paar Freunde und Kollegen helfen mir dabei!*«

Auch Steve Jobs folgte diesem Modell mit seinem Traum von einer besseren Welt, den er in seiner Garage mit seinem Kollegen Steve Wozniak und dem Computer »Apple I« umzusetzen begann.[161] Das war damals genau dieselbe Fragestellung, nämlich: »*Was bewegt mich? Wovon träume ich? Bewegt es möglicherweise auch andere? Für wen ist es nützlich?*«

Dieser klassische Unternehmergedanke ist ab Ende des 20. Jahrhunderts etwas unter die Räder gekommen, eigentlich deformiert, transformiert worden. Hin zu einem Spiel für Draufgänger, wie schon in Kapitel I dargelegt. Jetzt schwingt das Pendel wieder zurück zur altehrwürdigen Unternehmeridee von vor 100 oder 150 Jahren, aber angepasst an die moderne Zeit. Beispielsweise offen für Frauen, offen für internationale Gedankenspiele und Verflechtungen, offen für ganz andere Kulturen und Werte. Offen auch für die Einbeziehung von Flora und Fauna, was früher keine große Rolle gespielt hat. Offen für moderne Erkenntnisse aus Technik und Wissenschaft. Offen für und unabhängig von Konfessionen. Das ist die komplementäre Moderne, das ist das Neue.

In fünf Schritten zum Erfolg

Wenn es klug gemacht würde, würde jeder, der gründen will, als Erstes meinen in Kapitel 2 vorgestellten Entscheidungslotsen einsetzen. Es geht darum, diesen RMK-Decision-Scout ernst zu nehmen. Sich immer wieder die Zeit zu nehmen, sich hinzusetzen, dieses Modell für sich in Ruhe von Kopf bis Fuß durchzugehen und die Fragen, die der RMK-Decision-Scout einem stellt, ehrlich durchdacht zu beantworten.

Die folgenden Fragen sind besonders wichtig für Unternehmensgründer:

1. Wenn sich mehrere Gründer, Co-Founder, zusammentun wollen, sollte man sich fragen: Sind das wirklich die, die eine kompatible Idee haben? Ticken die alle gleich, zumindest ähnlich? Haben die alle die gleichen Themen?

2. Können diejenigen, die hier gemeinsam im Boot sitzen wollen, auch wirklich das, was sie jeweils vorgeben? Denn es braucht die richtige Crew, um das Unterfangen zu realisieren. Also: Haben alle die entsprechende Kompetenz und Erfahrung? Und wenn die Erfahrung fehlt, wie wird sie ergänzt? Junge, unerfahrene Leute können das selten allein! Sie können gerne das Neue denken, aber sie benötigen zumindest einige erfahrene Berater, einen erfahrenen Anwalt, Steuerberater, Unternehmenslenker und vielleicht auch einen erfahrenen Finanzmanager oder Bankier an ihrer Seite. Diese erfahrenen Mentoren sollten Menschen sein, die ihre Rolle wirklich verstehen, aktuelle, erfolgreiche »Fronterfahrung« vorweisen können und idealerweise mehr geben als nehmen. Prüfen Sie genau, wen Sie an Bord holen, denn es gibt viele *»toxische Mentoren«*![162] Verantwortungsbewusste Mentoren sagen den Gründern gegebenenfalls ganz offen:

> *»Jungs oder Mädels, das könnt ihr zwar so wollen, aber das könnt ihr so nicht machen, weil es gar nicht geht. Spart lieber hier und da an vermeidbaren Ausgaben, die jetzt nicht direkt zielführend sind, und fangt klein an. Pusht nichts künstlich nach dem Motto: ›Wir schaffen die Schwangerschaft nicht in neun Monaten, sondern in*

neun Tagen, weil wir die Supervitamine nehmen und dann klappt das schon!‹«

Fakt ist: Alles, was zu schnell wächst, was nicht organisch ist, stirbt schnell. Das ist das Konzept der Natur, der Welt. Das sieht man auch an den vielen neuen Züchtungen, ob bei Pflanzen oder Tieren. Alles, was zu schnell ins Wachstum getrieben wird, kann keine gesunde, stabile Basis entwickeln. Deshalb sollte man sich an die Naturgesetze halten und sich fragen: »*Will ich hier eine Birke oder eine Eiche in die Landschaft pflanzen? Oder den am schnellsten wachsenden Blauglockenbaum Paulownia?*« Und wenn der eine sagt: »*Ich will eine langsam wachsende, robuste Eiche!*«, und der andere sagt: »*Ich liebe zügig wachsende Birken!*«, und der Nächste sagt: »*Ich will einen Paulownia, denn ich kann es nicht erwarten!*«, dann sollte man kein Start-up miteinander gründen, weil das mit hoher Wahrscheinlichkeit nicht gut ausgehen wird.

3. Alle Schritte sind so zu machen, dass sie zu einem organischen Wachstum führen. Und das bedeutet: Aller Anfang ist klein. Am Anfang vielleicht sogar geheim. Da weiß die Welt noch nichts davon. Da ist das Unternehmen vielleicht noch gar nicht gegründet, sondern man hat sich in der Garage oder im Hinterhof zusammengesetzt, nächtelang gebrütet, mit Prototypen experimentiert. Man geht also nicht sofort oder überstürzt an die Öffentlichkeit und sagt: »*Wir gründen übrigens ein Start-up, aber wie genau, haben wir noch nicht durchdacht.*« Im Idealfall fängt man erst einmal klein und leise an. Später, wenn die Zeit reif und der gewünschte Fortschritt erreicht ist, wird so ein Unternehmen erst sichtbar. Aber es ist immer noch klein und wird – und das tut jedem Start-up gut – mit einem angemessenen Maß an Improvisation arbeiten.

Ein Start-up ist etwas Neues. Es soll und kann sich nicht so verhalten wie ein etablierter Platzhirsch, der seit 200 Jahren in Familienbesitz ist. Sondern da wird improvisiert. Da sitzt man auf Bananenkisten. Da hat man den Ikea-Stuhl und nicht den Designer-Stuhl. Da arbeitet man einfach noch von der Hand in den Mund. Da verzichtet man auf Komfort, hohe Sicherheit und Luxus. Dieses Improvisierte, Kleine, Junge, Frische gehört zum Start-up dazu, sollte es jedenfalls.

4. Es gilt nicht zu schnell zu wachsen, sondern Schritt für Schritt voranzugehen und immer wieder zu überprüfen:

»Ist das, was wir tun, auch das, was der Markt, was die Menschen brauchen? Sind wir wirklich nützlich? Haben wir tatsächlich ein Problem gelöst? Bieten wir eine konstruktive Lösung? Oder ist unsere Problemlösung nur ein Gadget – etwas, das gerade irgendwie hip und in ist? Oder gar sinnlos und verzichtbar, also überflüssig? Oder schaffen wir damit vielleicht sogar neue Probleme, anstatt welche zu lösen? Oder haben wir das alles längst aus den Augen verloren, sind vom Weg abgekommen und lassen uns von irgendjemandem in eine Richtung treiben oder führen, die wir eigentlich gar nicht wollen?«

5. Erst wenn die vorherigen Schritte gut gemeistert wurden, sollte man weitergehen und sich den folgenden Fragen widmen:

- *»Wie können wir erfolgreicher, größer werden?«*
- *»Was bedeutet das?«*
- Und dann genau überlegen: *»Wie schnell wollen wir wie groß werden?«*
- *»Sind wir – bildlich gesprochen – eher ein Hase, Reh, Elefant, Mammut oder ein Dinosaurier?«*
- *»Welches Bild haben wir also von uns selbst? Was würde passen? Was wäre stimmig?«*

Denn ein Dinosaurier oder ein Löwe sind nicht unbedingt mächtiger als eine Mücke! Man sollte überlegen:

»Reicht es vielleicht oder ist es nicht sogar besser, klein, schnell, wendig und flexibel zu sein? Klein zu bleiben, weil das, was wir tun, sehr exklusiv ist? Weil wir so unsere Ziele viel besser und finanziell weitgehend unabhängig erreichen können und somit dauerhaft auf robusten Beinen stehen?«

Was bedeutet es, größer zu werden? Es kann wünschenswert sein, es kann stimmig sein, noch größer oder sogar sehr groß zu werden. Aber häufig ist es das nicht. Zu oft wurde diese Thematik schon falsch eingeschätzt. Am Ende konnte die Statik, also das Rückgrat des Unternehmens, aber auch jenes der Unternehmerin oder des Unternehmers, die immer komplexer werdenden Aufgaben nicht mehr tragen. Das Unternehmen wurde übergewichtig, schwerfällig, »krank«, von anderen überholt und ging letztlich daran zugrunde. Hätte man erkannt und verstanden, wann das Unternehmen »ausgewachsen« war, hätten man den Erfolg langfristig halten können.

Generell kommt hinzu, dass Unternehmen heute über eine gewisse Elastizität verfügen müssen, um sich dynamisch und kurzfristig an veränderte Situationen anpassen zu können. Dies gelingt mit kleineren Strukturen wesentlich leichter und besser als den großen, trägen »Kolossen«: Wenn beispielsweise Aufgaben anfallen, bei denen mehrere Personen intensiv zusammenarbeiten, wird überwiegend im flexibel anmietbaren Co-Working-Büro gearbeitet, ansonsten im Homeoffice. Dann arbeitet man daran, noch schnell ein neues Produkt in sein Portfolio aufzunehmen oder lässt es wieder fallen, weil es sich als nicht machbar oder wirtschaftlich nicht zielführend erweist. Also sucht man nach Alternativen, denn ein »Alternativlos« gibt es nicht mehr! Die Devise lautet:

»Flexibel bleiben, flexibel denken, die Kostenstruktur schlank halten und sparsam wirtschaften!«

So ergibt es zum Beispiel keinen Sinn mehr, selbst ein Firmengebäude zu bauen, weil vielleicht irgendwann Umstände eintreten, die zur Folge haben, dass dieses zu groß oder zu klein ist oder nicht optimal ausgelastet wird oder man woanders eine Location braucht.

Oder was bringt es, gleich selbst eine Produktionsstätte, ein Lager oder ein Logistikzentrum anzumieten oder zu bauen? Vielleicht gibt es jemanden Etabliertes, der sich freuen würde, seine Kapazitäten und Strukturen besser auszulasten? Der zudem günstiger ist und auch noch viel Erfahrung und Know-how bieten kann? Oder warum gleich selbst in einem fremden Land in den Vertrieb einsteigen? Vielleicht findet sich ja ein guter Partner?

Kurzum: Es ergibt heute überhaupt keinen Sinn mehr, ein Unternehmen für die nächsten 100 Jahre aufbauen zu wollen. Was nicht heißt, dass es am Ende nicht doch so lange existieren könnte. Heutzutage muss sich ein junges Unternehmen darauf einstellen, relativ nahe an der Gegenwart zu agieren, zu planen und nicht mit 5-Jahresplänen zu arbeiten. Die Zeiten sind einfach zu dynamisch. Improvisation und Flexibilität sind ein Schlüssel zum Erfolg!

Beipackzettel: zu Erfolgsaussichten und Nebenwirkungen ...

Langsam nähern wir uns dem Ende dieses Buches. Eines möchte ich allen Unternehmerinnen, Unternehmern, Managerinnen und Managern, einschließlich Gründerinnen und Gründern, unbedingt ans Herz legen: Ich weiß, keiner von uns kann die Disziplin eines Roboters aufbringen. Das erwartet niemand, das soll auch keiner. Wenn Sie sich allerdings einigermaßen konsequent – zumindest anhand der 80-20-Regel – an die Ratschläge in diesem Buch halten, dann würde es mich doch sehr überraschen, wenn nicht auch Ihr Unternehmen, Ihr dauerhaftes Erfolgsstreben unter einem guten Stern stünde.

Natürlich ist das ein Buch, das man von vorn bis hinten durcharbeiten kann. Aber es ist viel mehr als das! Das Buch ist als Ihr tägliches Nachschlagewerk gedacht. Sie werden sehen, es ist ein Buch, das wirklich hilft, wie ein gutes Medikament hilft. Es kann zu Ihrem klugen, ganz praktischen, ganz konkreten und lebensnahen Begleiter durch Ihr Leben im Unternehmertum werden.

Essenziell ist: Visualisieren Sie Ihren Erfolg möglichst täglich. Malen Sie sich im Kopf ein ganz konkretes Bild mit allen Details davon aus, so wie Sie sich ihn wünschen. Kein Gekritzel modernen Kunst, bei dem man nur raten kannn, was es eventuell darstellen könnte. Nein. Sondern klar und deutlich in den Details und Facetten. Erinnern Sie sich an das Thema Glück und die selbsterfüllende Prophezeiung!

Ich wünsche Ihnen den erträumten Erfolg in Hülle und Fülle! Bleiben Sie dran, egal aus welcher Richtung der Wind weht, und der Erfolg wird auch Ihnen gelingen!

Und wenn Sie mögen, schauen Sie gelegentlich auf **www.Wahre-Werte.info/Erfolgstipps** vorbei. Gerne biete ich Ihnen weitere Tipps für Ihren Erfolg. Ob bezogen auf den dann gerade vorherrschenden Zeitgeist oder als Antworten auf Fragen, die mich von den Leserinnen und Lesern erreichen.

Gedanken der Orientierung

Wir leben in Zeiten, in denen Maß und Mitte verloren scheinen. Aber der schönste Nordstern der Orientierung und die wohlmeinendsten Werte nützen nichts, ohne klugen Umgang damit. Klugheit meint vor allem den klugen Umgang mit Menschen! Hierzu lernt man am meisten von Diplomaten. Es mag für so manchen in den momentanen Zeiten so aussehen, dass es Erfolg verspre- chend sei, wie ein loderndes Feuer zu agieren. Aber wer ein großes Feuer entfachen will, sollte sich vorher stets gut überlegen: »*Wie bekomme ich das Feuer wieder aus? Wohin wende ich mich, bevor es mich selbst verbrennt?*« Sonst wird das Feuer den Brandstifter im Zweifelsfalle selbst verschlingen.

Agieren Sie klug und weise wie eine Eule! Konzentrie- ren Sie sich mit Sinn und Verstand auf Ihren Wertekanon. Bleiben Sie im Spielfeld positiver Absichten und Gedan- ken zu Hause. Das trägt Sie, das schützt Sie, das gibt Ihnen Kraft, Zuversicht, lässt Sie ruhig schlafen. All dies ist der gesunde Nährboden für Ihren langfristigen Erfolg.

Wertekanon – Festung oder Wackelpudding?

Sind Werte nur Blabla? Die großen Krisen des neuen Jahrtausends, einschließlich Putins Angriffskrieg auf die Ukraine, haben uns eines sehr deutlich vor Augen geführt: Es geht um unser aller Werte! Oder doch nur um jene des sogenannten Westens? Oder nennen wir es im weiteren Sinne besser die Allianz derer, die sich an das Völkerrecht gebunden fühlen, die sich als demokratisch verstehen, die die Freiheit und Integrität souveräner Staaten als Grundidee des Friedens in der Welt achten und schützen? Das Bündnis derer, die nicht das Recht des Stärkeren leben, sondern Souveränität und zivilisierte Regeln als entscheidend für die Grundstruktur unseres Zusammenlebens ansehen. Und zwar nicht nur zwischen den einzelnen Kontinenten, Staaten und Nationen im Großen und Ganzen, sondern auch in unserem privaten Leben, in unserer Wirtschaft, in unseren Unternehmen, in unserer Gemeinschaft.

Soll also das Recht herrschen, dass man gemeinsame Vereinbarungen und Regeln trifft und sich auch daran hält? Oder soll das Recht des Stärkeren gelten? Letzteres mit der Vorstellung: Wer größer ist, wer mehr Macht hat, wer die lautere Stimme hat, wer gewaltbereiter ist oder die besseren Waffen hat, der gewinnt? Auf gut darwinistische Weise: Wer besser an die Herausforderungen »angepasst« ist, der siegt?

Ein »Sieg« rücksichtsloser Despoten würde bedeuten, dass der volle Darwinismus ausgebrochen wäre. Frei nach dem Motto: *»Der Stärkere, der Angepasstere siegt über den Schwächeren!«* So ist die Natur. Da kann man nichts machen. Das ist Evolution. Die Schwächeren werden von den Überlegenen »gefressen«. Und wenn du irgendwie in der Nahrungskette weiter unten stehst, schwächer bist, dann hast du eben Pech gehabt. Dann fügst du dich am besten ins Gefressenwerden. Oder du versuchst, den, der dich fressen will, zu besänftigen. Oder du unterwirfst dich und siehst zu, dass du irgendwie glimpflich davonkommst.

Das wäre dann nur eine Art Betteln ums Überleben – unter Verleugnung der eigenen Identität. Genau das würde passieren, wenn es keine Werte und keine Spielregeln gäbe oder diese nicht eingehalten würden!

Das 21. Jahrhundert stellt daher der Menschheit ganz fundamentale Fragen, die es ein für alle Mal solide zu beantworten gilt:

- *»An welchen Werten wollen wir unser Leben ausrichten?«*
- *»Welche Werte gelten für das Zusammenleben von Ländern, Völkern, Gruppen und Individuen?«*
- *»Welche Rechtsmittel stehen einem Angegriffenen gegen den Aggressor zu?«*
- *»Gibt es eine Instanz, wie etwa eine Art unabhängiges Weltgericht, unter deren Schirm ein sicheres Zusammenleben anhand bestimmter Werte möglich ist? Oder geradezu garantiert und durchgesetzt wird, weil sich alle darauf geeinigt und das unterschrieben haben? Und zwar ohne Blockade durch Vetos oder politische Tricks. Oder gibt es das nicht?«*

Die Klärung dieser Fragen beginnt bei sich selbst, im Kleinen:

- *»Welche Werte sind Ihnen wichtig?«*
- *»Was bestimmt Ihren Umgang mit anderen Menschen?«*

Zum Beispiel Freundlichkeit oder so etwas Einfaches wie gute Erziehung und höfliches Benehmen. Zum Beispiel, sich zu bedanken, zu grüßen, so etwas wie Anstand, Empathie, Interesse am anderen. Sind das Werte, an denen Sie sich orientieren? Oder interessiert Sie nur, wie es Ihnen selbst geht, wie Sie sich fühlen, was Sie gerade denken, welche Ängste oder Sorgen Sie haben? Oder gelingt es Ihnen, sich auch für den anderen zu interessieren, für dessen Ängste, Sorgen und Nöte?

Lassen Sie sich vielleicht von Werten leiten wie konstruktiv sein, positiv sein, optimistisch sein, anderen Mut machen, anderen auf die Schulter klopfen oder ihnen sogar unter die Arme greifen? Entscheiden und handeln Sie entschlossen? Oder zögern Sie lieber, bis es vielleicht zu spät ist? Sind Sie also eher der »*Too little, too late*«-Typ?

Und wie gehen Sie mit sich und Ihren Ansprüchen um – gerade als Unternehmerin, Unternehmer, Managerin, Manager, Vorbild und Gestalter? Sind Sie eher der Darwinist oder eher der verantwortungsvolle, aufgeklärte Mitmensch? Sei es in Bezug auf Ernährung, Mobilität, Konsum. Sei es in Bezug auf das Verständnis, was Ihnen selbstverständlich zusteht und was gefälligst zu geschehen hat, damit Sie sich zufrieden und glücklich fühlen?

Wie gehen Sie mit der Natur und unserem Planeten um?

Sind Sie bereit, den Wert des Konstruktiven wirklich selbst zu leben und nicht nur von anderen zu fordern? Sind Sie bereit, spontan, auch einmal mutig, witzig und geistreich zu sein oder ein kalkuliertes Risiko einzugehen?

Sind so altmodische Werte wie Disziplin, Nützlichkeit, Einsatzbereitschaft, Anpacken etwas für Sie? Oder ist das nur etwas, was Sie gerne von anderen in Anspruch nehmen?

Sind Sie zuverlässig? Ist Ihr »Ja«, Ihre Zusage, Ihre Freundschaft, Ihre Unterstützung etwas, worauf man sich verlassen kann? Oder ist das heute so und morgen wieder anders, einer gewissen Dynamik unterworfen, die Sie sich schönreden, die aber in Wirklichkeit unzuverlässig ist?

Sind Sie mit Ihren Werten und Ihrem gelebten Wertekanon eher die uneinnehmbare Festung – komme, was da wolle? Oder doch eher ein Wackelpudding? Können Sie sich auf sich selbst verlassen? Oder fallen Sie sich bei jeder Gelegenheit mit Vorwürfen, Selbstzweifeln und Selbstmitleid in den Rücken?

Zeiten ohne Maß und Mitte?

Wir sollten uns darüber im Klaren sein, dass wir in einer Zeit leben, in einer Zeitenwende, in der es fatal ist, keine klare, werteorientierte Position für Ordnung in unserem Leben, in unserem Denken und Handeln einzunehmen, zu vertreten und zu verteidigen. Darauf kommt es jetzt an! Das verlangt die neue Zeit von uns allen – von jeder Einzelnen und von jedem Einzelnen.

Es ist verständlich, dass man über alles in der Welt informiert sein will, dass einen die Nachrichten über die Probleme und Katastrophen der Welt in Nah und Fern beschäftigen. Aber global handeln? Das wird uns selbst kaum gelingen. Doch lokal handeln, das funktioniert! Das gilt besonders für Unternehmerinnen, Unternehmer, Managerinnen oder Manager. Was Sie lokal vorleben, strahlt zumindest überregional aus:

> *Sorgen Sie also für Zufriedenheit, für ein konstruktives Miteinander, wo immer es Ihnen möglich ist. Verbreiten Sie Zuversicht, Hoffnung und ein Lächeln. Halten Sie Ihre Werte hoch und zeigen Sie sie allen. Seien Sie ein Vorbild, ein Leuchtturm!*

Dann haben Sie das Beste getan, was Sie in diesen herausfordernden, hochdynamischen Zeiten machen können. Und dies wird Ihren Erfolg beflügeln! Das wünsche ich Ihnen, liebe Leserinnen und Leser, von ganzem Herzen!

Und: Sollten Sie dieses Buch jemandem weiterempfehlen, der sich nachhaltigen Erfolg für sich und sein Unternehmen wünscht, würden Sie mir natürlich eine große Freude machen!

Für jeden Tag ein guter Gedanke

Abschließend möchte ich Ihnen noch ein paar wertvolle Gedanken der Orientierung mit auf den Weg geben. Dies sind
Gedanken, die viele meiner Vertrauten und auch ich als sehr
hilfreich empfinden. So wie man jeden Tag die Zeitung oder
Online-Magazine liest, die Nachrichten oder die Börsenkurse verfolgt, so kann man als positives Gegengewicht jeden
Tag auch einen guten Gedanken denken.

1. Dein Leben gelingt siegreich, wenn du an die zwei Seiten deiner
   Glücksmedaille denkst. Auf der einen steht: Vision. Auf der
   anderen steht: Geduld. Halte geduldig an deinen Visionen fest.
   Fülle Wartezeiten mit der Konzentration auf deine Visionen.

2. Was andere wollen und mit einem zu machen versuchen, ist
   deren Sache und Verantwortung. Aber es ist eine völlig andere,
   was man mit sich machen lässt!

3. Es ist nicht entscheidend, wie viele Menschen dir zustimmen
   oder zujubeln. Entscheidend ist, was du vor dir selbst und vor
   allem, was dir wichtig, wert und heilig ist, vertreten kannst. Es
   geht nicht um die Menge deiner Anhänger, um deren Zustim-
   mung oder Ablehnung. Allein der Wert deiner Überzeugungen
   macht deine Bedeutung für dich und die Welt aus.

4. Wo die Menschenwürde missachtet wird, bedarf es der kompromisslosen Distanzierung: Das machen wir nicht mit!

5. Du findest Glück nicht, indem du aufs Glück, sondern auf die
   Herausforderungen des Lebens schaust und dich ihnen stellst.

6. Erlerne die Kunst, zu beurteilen, wann ist was angebracht: Mut oder Demut? Das ist eine Frage des Gewissens. Und das Gewissen ist die treueste Instanz, auch in einem Menschen, der nichts von einer höheren Macht weiß oder wissen will.

7. Wissen heißt zunächst, zu wissen, dass man noch zu lernen hat, weil man noch nicht alles weiß. Zum Wissen gehört eine geglückte Mischung aus Erkenntnis, Einsicht, Erfahrung einerseits und Inspiration andererseits.

8. »Selbstverwirklichung« klingt modern, freiheitlich, fortschrittlich, bedeutet aber letztlich Rücksichtslosigkeit.

9. Das Zerbrechen vieler Dinge bedeutet auch, dass man frei wird für etwas Neues.

10. Durch Aktivität lässt sich alles meistern.

11. Mit Manipulation wirst du wenig erreichen, jedenfalls kaum etwas Durchgreifendes und Dauerhaftes.

12. Man streitet nicht darüber, was richtig oder falsch ist. Man erprobt, was durchsetzbar ist, was am weitesten in die Zukunft weist, was akut das Wirksamste und Bewegendste ist.

13. Es wird sich alles zum Guten wenden, wenn du nur einen genügend langen Atem hast.

14. In schwierigen Zeiten hilft es, die souveränste Position einzunehmen: Frage nicht, wie der Tag werden wird, sondern bestimme, wie du den Tag sehen, leben und gestalten wirst. Frage nicht, was andere von dir denken oder halten, sondern denke und halte du das Beste von dir. Frage nicht, was andere für dich tun könnten oder sollten, sondern tue selbst, was du von anderen erwartest.

15. Die wirkliche Erkenntnis geschieht nicht durch das Buch, sondern dadurch, dass ein Mensch sich seinen Inhalten öffnet und sie durch eigene Erfahrung in sich lebendig werden lässt.

16. Wenn gute Gründe für eine Neuorientierung sprechen, dann sollte man seiner inneren Stimme folgen.

17. Man verliert unendlich viel, wenn man aus der Ruhe gerät. Es ist menschlich und verständlich, aber schade! Wann immer du in Situationen kommst, wo du in Erschütterung gerätst, bewahre trotzdem möglichst die Ruhe und Zentrierung!

18. Schlichtheit ist die Fähigkeit, das Wesentliche zu erfassen.

19. Die Demut ist der Anfang des Weges zur Weisheit.

20. Die Technik ist ein großer Freund des Menschen und in vielen Fällen sehr segensreich. Aber sie schwächt das eigene Wollen oder lähmt es sogar. Setze sie daher mit Verstand ein.

21. Das Schwierige, Unangenehme, Widerborstige an dir und anderen überwindest du nicht durch Kampf, sondern durch Sanftmut.

22. Dem Schmerz begegnet man, so eigenartig das klingt, am besten so emotionslos wie möglich.

23. Lerne, in der Gegenwart zu leben. Tue den Schritt, auf den es jetzt gerade ankommt. Tue ihn so gut du kannst, damit ist es genug.

24. Rufe dir ins Bewusstsein, was es bedeutet, erstens zu leben, zweitens, die unausstaunbare Welt in ihrer Fülle zur Verfügung zu haben, und drittens, frei zu sein. Das sind drei heilige Güter, die wir auch heilig halten sollten.

*** ENDE ***

Anmerkungen

Quellennachweise, die sich auf E-Books beziehen, enthalten keine Seitenzahlen, sondern Angaben zum Kapitel und Absatz, in dem die zitierte Passage zu finden ist.

1 Christian Stadler, Julia Hautz, Kurt Matzler und Stephan Friedrich von den Eichen, Open Strategy, Kapitel »Introduction«, 15. Absatz, Verlag: MIT Press Cambridge, Massachusetts (2021)

2 Carl J. Schramm, Burn the Business Plan: What Great Entrepreneurs Really Do, Kapitel 8, 1. Absatz, Verlag: Simon & Schuster, New York (2019)

3 Vordenker-Serie: Peter F. Drucker. Entdecker der Wissensarbeit, aus: Harvard Business manager 11/2010. Online unter https://www.manager-magazin. de/harvard/management/peter-drucker-seine-ideen-und-konzepte-im-ueberblick-a-00000000-0002-0001-0000-000074209872 (Abrufdatum: 29.03.2023)

4 Den Eurostat-Bericht finden Sie online unter https://ec.europa.eu/eurostat/web/products-key-figures/-/ks-06-22-075 (Abrufdatum: 01.01.2023)

5 Statista, Average company lifespan on Standard and Poor's 500 Index from 1965 to 2030, online unter https://www.statista.com/statistics/1259275/average-company-lifespan/ (Abrufdatum: 01.01.2023)

6 Weitere Erläuterungen zur genannten McKinsey-Studie können Sie online nachlesen: https://www.imd.org/research-knowledge/articles/why-you-will-probably-live-longer-than-most-big-companies/ (Abrufdatum: 01.01.2023)

7 Eurostat regional yearbook – 2022 edition, online unter https://ec.europa.eu/eurostat/web/products-flagship-publications/-/ks-ha-22-001 (Abrufdatum: 01.01.2023)

8 WirtschaftsKurier, Unternehmen werden im Schnitt nur 9 Jahre alt, Artikel vom 17.06.2019, online unter https://www.wirtschaftskurier.de/titelthema/artikel/unternehmen-werden-im-schnitt-nur-9-jahre-alt.html (Abrufdatum: 01.01.2023)

9 Ebenda

10 Mehr zur Studie der Universität Rostock erfahren Sie online unter https://www.uni-rostock.de/universitaet/kommunikation-und-aktuelles/medieninformationen/detailansicht/n/wie-alt-werden-unternehmen-in-deutschland-4041/ (Abrufdatum: 29.03.2023)

11 Ausführliche Informationen zur Studie des Santa Fe Institute bekommen Sie online unter https://royalsocietypublishing.org/doi/10.1098/rsif.2015.0120 (Abrufdatum: 01.01.2023)

12 Eurostat regional yearbook – 2022 edition, online unter https://ec.europa.
    eu/eurostat/web/products-flagship-publications/-/ks-ha-22-001 (Abruf-
    datum: 01.01.2023)

13 Statista, Anzahl der Gründer in Deutschland im Zeitraum von 2000 bis 2021,
    online unter https://de.statista.com/statistik/daten/studie/183869/umfrage/
    entwicklung-der-absoluten-gruenderzahlen-in-deutschland/
    (Abrufdatum: 01.01.2023)

14 KfW-Gründungsmonitor 2020, online unter https://www.kfw.de/PDF/
    Download-Center/Konzernthemen/Research/PDF-Dokumente-Gründungs-
    monitor/KfW-Gruendungsmonitor-2020.pdf (Abrufdatum: 01.01.2023)

15 Ebenda

16 Ebenda

17 Ebenda

18 Kyril Kotashev, Startup Failure Rate: How Many Startups Fail and Why in
    2023? (Update vom 14.12.2022), online unter https://www.failory.com/blog/
    startup-failure-rate (Abrufdatum: 12.05.2023)

19 Artem Minaev, Startup Statistics (2023): 35 Facts and Trends You Must
    Know (Update vom 19.04.2023), online unter https://firstsiteguide.com/
    startup-stats/, Punkt 9 (Abrufdatum: 12.05.2023)

20 Eurostat regional yearbook – 2022 edition, online unter https://ec.europa.
    eu/eurostat/documents/15234730/15242104/KS-HA-22%E2%80%91001-
    EN-N.pdf/ffb89e8c-a7c9-517e-101f-13462ba1cf65?t=1667398021883,
    Seite 14, letzter Absatz (Abrufdatum: 28.03.2023)

21 Gründerpilot, Wie viele Startups scheitern, online unter https://www.
    gruenderpilot.com/wie-viele-startups-scheitern/ (Abrufdatum: 28.03.2023)

22 Mehr über Carl J. Schramm erfahren Sie online unter https://ischool.syr.
    edu/carl-schramm/ (Abrufdatum: 29.03.2023)

23 Weitere Informationen finden Sie auf der Website der Ewing Marion
    Kauffman Foundation unter https://www.kauffman.org (Abrufdatum:
    29.03.2023)

24 Carl J. Schramm, Burn the Business Plan: What Great Entrepreneurs Really
    Do, Verlag: Simon & Schuster, New York (2019)

25 Ebenda, Kapitel 8, Abschnitt »No One Knows Why Startups Fail«

26 Ebenda, Kapitel 1, Abschnitt »It Takes a Village«, letzter Absatz

27 Ebenda, Kapitel 1, 2. Absatz

28 Ebenda, Kapitel 1, Abschnitt »It Takes a Village«, 4. Absatz

29 Ebenda, Kapitel 8, 4. Absatz

30 Marvin Faradjollahi, Entrepreneurship und Scheitern aus psychologischer
    Sicht: Welche Rolle spielen Volition und Resilienz?, Kapitel 3.3, letzter
    Absatz, Verlag: Studylab, München (2019)

31 Ebenda, Kapitel 3.3, vorletzter Absatz

32 Gernot Prietl, Modernes Leadership und christliche Werte – ein Wider-spruch?, Masterarbeit zur Erlangung des akademischen Grades eines Master of Science im Rahmen des Universitätslehrganges Führungsaufgaben, Karl-Franzens-Universität Graz (März 2022), online unter https://unipub. uni-graz.at/obvugrhs/download/pdf/7930778 (Abrufdatum: 29.03.2023)

33 Peter F. Drucker, Management: Tasks, Responsibilities, Practices, Verlag: HarperBusiness, New York (1973)

34 Peter Drucker Society of Austria, 100. Geburtstag von Peter F. Drucker, online unter https://www.ots.at/presseaussendung/OTS_20090722_ OTS0148/100-geburtstag-von-peter-f-drucker (Abrufdatum: 12.05.2023)

35 Republic, Investor education, Unicorns are the rarest startups around (14.08.2019), online unter https://republic.com/blog/investor-education/ unicorns-are-the-rarest-startups-around (Abrufdatum: 29.03.2023)

36 Carl J. Schramm, Burn the Business Plan: What Great Entrepreneurs Really Do, Kapitel 2, Abschnitt 5, Verlag: Simon & Schuster, New York (2019)

37 Walter Isaacson, Steve Jobs: Die autorisierte Biografie des Apple-Gründers, Kapitel 41, »Vermächtnis: The Brightest Heaven of Invention«, 30. Absatz, Verlag: C. Bertelsmann, München (2011)

38 Carl J. Schramm, Burn the Business Plan: What Great Entrepreneurs Really Do, Kapitel 1, Abschnitt »Birth of the Business Plan«, 1. Absatz, Verlag: Simon & Schuster, New York (2018)

39 Ebenda, Kapitel 1, Abschnitt »What Went Wrong?«, letzter Absatz

40 Ebenda, Kapitel 2, 6. Abschnitt, vorletzter Absatz

41 Danny Fortson, Silicon Valley Bank: born at a poker game – killed by a gamble, in: The Sunday Times, online unter https://www.thetimes.co.uk/ article/silicon-valley-bank-born-at-a-poker-game-killed-by-a-gamble-l8z-nx6sgn (Abrufdatum: 11.03.2023)

42 John Mullins, Starting up? Five ways to dodge the trap of venture capital, London Business School (07.03.2016), online unter https://www.london. edu/think/five-ways-to-dodge-the-trap-of-venture-capital (Abrufdatum: 12.05.2023)

43 Andrew Yang, Why Entrepreneurship Education Does Not Work, In: Forbes (25.02.2016), online unter: https://www.forbes.com/sites/ andrewyang/2016/02/25/entrepreneurship-education-does-not-work/ ?sh=5e2840b915f8 (Abrufdatum: 12.05.2023)

44 Ebenda

45 Carl J. Schramm, Burn the Business Plan: What Great Entrepreneurs Really Do, Kapitel 1, 3. Absatz, Verlag: Simon & Schuster, New York (2019)

46 Aktuelle Informationen zum Thema Corporate Social Responsibility in

Deutschland finden Sie online unter https://www.csr-in-deutschland.de/ (Abrufdatum: 31.03.2023)

47 Ehrbarer Kaufmann Schweiz, online unter https://ehrbarer-kaufmann.ch (Abrufdatum: 02.04.2023)

48 Die zitierte Passage von Francesco Balducci Pegolotti finden Sie online unter http://www.hagen-bobzin.de/hobby/Pegolotti_HB.html, Abschnitt »Was den wahren und richtigen Kaufmann ausmacht« (Abrufdatum: 31.03.2023)

49 Das Zitat von Dwight D. Eisenhower und nähere Erläuterungen dazu können Sie online abrufen unter https://www.essaysforstudent.com/ Psychology/Pessimism-Never-Won-Any-Battle/106043.html, (Abrufdatum: 19.02.2023)

50 Das Zitat von John Ruskin können Sie online nachlesen unter https:// www.ruter.de/?p=2632 (Abrufdatum: 01.04.2023)

51 Mehr zur Redensart »Geld regiert die Welt« erfahren Sie online unter https://www.geld-welten.de/zitate/regiert-die-welt.html (Abrufdatum: 31.03.2023)

52 Eine gut verständliche Abhandlung zum Thema Unternehmensziele und Gewinnmaximierung finden Sie online unter https://www.buchhaltung-einfach-sicher.de/bwl/unternehmensziele (Abrufdatum: 31.03.2023)

53 Gabriele Bondy, »Das Bessere ist der Feind des Guten«, BR radioWissen (Stand: 31.08.2010), online unter https://www.br.de/radio/bayern2/ sendungen/radiowissen/deutsch-und-literatur/voltaire-philosoph-dossier100.html (Abrufdatum: 02.04.2023)

54 Mehr zu Shakespeares berühmten Ausspruch »Dein Wunsch war des Gedankens Vater« erfahren Sie auf der Duden-Website unter https://www. duden.de/sprachwissen/sprachratgeber/Dein-Wunsch-war-des-Gedankens-Vater (Abrufdatum: 02.04.2023)

55 Eine kurze Erläuterung über sich selbst erfüllende Prophezeiungen finden Sie online unter https://flexikon.doccheck.com/de/Selbsterfüllende_ Prophezeiung (Abrufdatum: 31.03.2023)

56 Brief von Wjatscheslaw Michailowitsch Molotow vom 16. September 1955, 4. Absatz, online unter https://www.jstor.org/stable/44925230, (Abrufdatum: 02.04.2023)

57 Wladimir Iljitsch Lenin, Was tun? Brennende Fragen unserer Bewegung, online unter https://www.marxists.org/deutsch/archiv/lenin/1902/wastun/ (Abrufdatum: 02.04.2023)

58 Mehr über Lao Tse und sein Werk »Tao-Te-King« erfahren Sie online unter http://www.zeno.org/Philosophie/M/Laozi+(Laotse)/Tao+Te+King+-+Das+B uch+des+Alten+vom+Sinn+und+Leben (Abrufdatum: 31.03.2023)

59 Das Gedicht von Bert Brecht finden Sie online unter https://wallstein-

verlag.e-bookshelf.de/products/reading-epub/product-id/3937076/title/
Bertolt%2BBrecht%2Bund%2BLaotse.html

60 John F. Helliwell, Richard Layard, Jeffrey D. Sachs, Jan-Emmanuel De Neve, Lara B. Aknin, Shun Wang, World Happiness Report 2022, online unter https://happiness-report.s3.amazonaws.com/2022/WHR+22.pdf (Abrufdatum: 31.03.2023)

61 Frank Martela, A Wonderful Life: Insights on Finding a Meaningful Existence, Verlag: HarperCollins, Harper Design, San Francisco (2020)

62 The key to a high quality of life according to a Finnish philosoper, in: Times of Malta (29.01.2023), online unter https://timesofmalta.com/articles/view/key-high-quality-life-according-finnish-philosopher.1009674 (Abrufdatum: 31.03.2023)

63 Mehr zu dieser goldenen Regel erfahren Sie online unter https://link.springer.com/chapter/10.1007/978-3-8274-2908-7_4 (Abrufdatum: 02.04.2023)

64 Die im Text zitierte Definition von Mut und weitere Informationen dazu finden Sie online unter https://www.juraforum.de/lexikon/mut (Abrufdatum: 02.04.2023)

65 Grundlegende Informationen zum Energieerhaltungssatz bekommen Sie online unter https://www.leifiphysik.de/mechanik/energieerhaltung-und-umwandlung/grundwissen/energie-und-energieerhaltungssatz (Abrufdatum: 02.04.2023)

66 Franz Kafka, »Nach dem Gesetz«, zitiert nach: https://homepage.univie.ac.at/st.mueller/kafka.html (Abrufdatum: 02.04.2023)

67 Das Zitat von Steve Jobs finden Sie online unter https://www.uschamber.com/co/start/strategy/steve-jobs-quotes-for-business-owners (Abrufdatum: 23.05.2023)

68 Zitiert nach: https://news.stanford.edu/2005/06/12/youve-got-find-love-jobs-says/ (Abrufdatum: 23.05.2023)

69 Johannes 12,24, online unter https://www.uibk.ac.at/theol/leseraum/bibel/joh12.html (Abrufdatum: 25.01.2023)

70 Das Zitat von Samuel Smiles können Sie online nachlesen unter https://internetpoem.com/samuel-smiles/quotes/it-is-a-mistake-to-suppose-that-men-succeed-57243/ (Abrufdatum: 23.05.2023)

71 Dieses bekannte Zitat von Steve Jobs finden Sie online unter https://www.macworld.com/article/214642/steve-jobs-making-a-dent-in-the-universe.html (Abrufdatum: 06.06.2023)

72 Nassim Nicholas Taleb, Der Schwarze Schwan: Die Macht höchst unwahrscheinlicher Ereignisse, Kapitel 8, Abschnitt »In zehn Schritten zum Millionär«, Verlag: Carl Hanser Verlag, München (2008)

73 Mehr zu diesem lateinischen Sprichwort erfahren Sie online unter https://de.wikipedia.org/wiki/Fortes_fortuna_adiuvat (Abrufdatum: 06.06.2023)

74 Das Zitat von Louis Pasteur können Sie online nachlesen unter https://de.wikiquote.org/wiki/Louis_Pasteur (Abrufdatum: 06.06.2023)

75 Einen Artikel über die Schattenseiten von Steve Jobs finden Sie online unter https://www.handelsblatt.com/unternehmen/it-medien/steve-jobs-biographie-genie-vs-tyrann/5768152-2.html (Abrufdatum: 06.06.2023)

76 Diese Regeln hat Adolph Freiherr von Knigge (1752–1796) in seinem Werk »Über den Umgang mit Menschen« im Jahr 1788 niedergeschrieben. Dieses Buch ist der Urahn aller Benimmbücher. Hier die bibliografischen Angaben: Adolph Freiherr von Knigge, Über den Umgang mit Menschen, Verlag: Insel Verlag, Berlin (2004)

77 Das vollständige Goethe-Gedicht können Sie online lesen unter https://www.deutschelyrik.de/der-zauberlehrling.html (Abrufdatum: 06.06.2023)

78 Interessante Informationen zur Chaostheorie bekommen Sie online unter https://www.physik.uni-hamburg.de/th1/ag-potthoff/lehre/archiv/_dokumente/ws-2011-2012/ws-11-12-proseminar-vortragt03.pdf (Abrufdatum: 04.04.2023)

79 Mehr zum Schmetterlingseffekt erfahren Sie online unter: https://www.ardalpha.de/wissen/geschichte/historische-persoenlichkeiten/edward-lorenz-meteorologe-schmetterlingseffekt-chaostheorie-chaosforschung-100.html (Abrufdatum: 07.06.2023)

80 Den Vortrag von Edward Lorenz finden Sie online unter https://static.gymportalen.dk/sites/lru.dk/files/lru/132_kap6_lorenz_artikel_the_butterfly_effect.pdf (Abrufdatum: 25.02.2023)

81 ARD ALPHA, Edward Lorenz: Als der Schmetterlingseffekt ein Chaos anrichtete, online unter https://www.ardalpha.de/wissen/geschichte/historische-persoenlichkeiten/edward-lorenz-meteorologe-schmetterlings-effekt-chaostheorie-chaosforschung-100.html (Abrufdatum: 20.06.2023)

82 Judea Pearl, The Book of Why: The new Science of Cause and Effect, Kapitel 1 »The Ladder of Causation«, Abschnitt »The three Levels of Causation«, Verlag: Basic Books, New York (2019)

83 Mehr über die Grenzen der künstlichen Intelligenz erfahren Sie online unter https://www.heise.de/hintergrund/Diese-Computerwissenschaftlerin-setzt-sich-fuer-die-Korrektheit-von-Codes-ein-6282044.html (Abrufdatum: 07.06.2023); Judea Pearl, The Book of Why: The new Science of Cause and Effect, Kapitel 1 »The Ladder of Causation«, Abschnitt »The three Levels of Causation«, Verlag: Basic Books, New York (2019)

84 Ebenda

85 James Lovelock, Novozän: Das kommende Zeitalter der Hyperintelligenz, Kapitel 3, Absatz 12, Verlag: C. H. Beck, München (2020)

86 Das Zitat von Wilhelm Busch finden Sie online unter https://www.projekt-gutenberg.org/loens/krautlot/chap19.html (Abrufdatum: 07.06.2023)

87 Mehr zu diesem Zitat von Blaise Pascal, das fälschlicherweise oft Woody Allen zugeschrieben wird, erfahren Sie online unter https://beruhmte-zitate.de/zitate/2085079-blaise-pascal-wenn-du-gott-zum-lachen-bringen-willst-erzahle-ih/ (Abrufdatum: 20.06.2023)

88 Christian Stadler, Julia Hautz, Kurt Matzler und Stephan Friedrich von den Eichen, Open Strategy, Kapitel »Introduction«, Absatz 15, Verlag: MIT Press Cambridge, Massachusetts (2021)

89 Mehr zum Thema Planungsfehlschluss finden Sie online unter https://lexikon.stangl.eu/33838/planning-fallacy (Abrufdatum: 04.04.2023)

90 Christian Stadler, Julia Hautz, Kurt Matzler und Stephan Friedrich von den Eichen, Open Strategy: Mastering Disruption from Outside the C-Suite, Kapitel »Introduction«, Absatz 15, Verlag: MIT Press Cambridge, Massachusetts (2021)

91 Ebenda, Kapitel »Desing Your Open Strategy Process«

92 Ein Video der Präsentation des iPhones können Sie online ansehen unter https://www.youtube.com/watch?v=vN4U5FqrOdQ (Abrufdatum: 17.02.2023)

93 Carl J. Schramm, Burn the Business Plan: What Great Entrepreneurs Really Do, Verlag: Simon & Schuster, New York (2018)

94 Das Zitat finden Sie online unter https://beruhmte-zitate.de/zitate/2085079-blaise-pascal-wenn-du-gott-zum-lachen-bringen-willst-erzahle-ih/ (Abrufdatum: 20.06.2023)

95 Mehr zum Begriff »innovare« erfahren Sie online unter https://www.frag-caesar.de/lateinwoerterbuch/innovare-uebersetzung-1.html (Abrufdatum: 08.06.2023)

96 Richard Dobbs, James Manyika, Jonathan Woetzel, No Ordinary Disruption: The Four Global Forces Breaking All the Trends, Kapitel »An Intuition Reset«, Abschnitt »Four Great Disruptive Forces«, Verlag: PublicAffairs, New York (2015)

97 Hermann Simon, Die Inflation schlagen, Kapitel 6, Abschnitt »Innovationen«, Verlag: Campus Verlag, Frankfurt (2022)

98 Ebenda

99 Ebenda, Kapitel 6, Absatz 1

100 Online unter https://hermannsimon.com/wp-content/uploads/2020/11/St.-Gallen-Review-Philosophie-Preis.pdf (Abrufdatum: 08.06.2023)

101 Peter F. Drucker, The Essential Drucker: In One Volume the Best of Sixty Years of Peter Drucker's Essential Writings on Management, Seite 38, Verlag: Harper Business, New York (2001)

102 Mehr zu diesem Zitat von Peter F. Drucker finden Sie online unter

https://www.absatzwirtschaft.de/marketing-innovation-im-konsens-ist-nonsens-200818/ (Abrufdatum: 08.06.2023)

103 Mehr zum Thema Resilienz erfahren Sie online unter https://www.wko.at/site/ImpulsPro/WRM-Heft-2018-a.pdf (Abrufdatum: 08.06.2023)

104 Mehr zur Reality-TV-Serie »Undercover Boss« gibt es online unter https://www.imdb.com/title/tt1442553/ (Abrufdatum: 05.04.2023)

105 Die Charta der Grundrechte der Europäischen Union können Sie online einsehen unter https://fra.europa.eu/de/eu-charter/article/1-wuerde-des-menschen (Abrufdatum: 26.02.2023)

106 Mehr zu Artikel 1 des deutschen Grundgesetzes erfahren Sie online unter https://www.bpb.de/themen/politisches-system/politik-einfach-fuer-alle/236724/die-wuerde-des-menschen-ist-unantastbar/ (Abrufdatum: 26.02.2023)

107 Schöpfungsbericht Gen 1,28, online unter https://www.uibk.ac.at/theol/leseraum/bibel/gen1.html (Abrufdatum: 01.03.2023)

108 Mehr zur Evolutionstheorie von Charles Darwin erfahren Sie online unter https://www.biologie-schule.de/evolutionstheorie-darwin.php (Abrufdatum: 30.06.2023)

109 Wichtige Hintergrundinformationen zu »Survival of the Fittest« bekommen Sie online unter http://darwin-online.org.uk/converted/pdf/1861_Origin-NY_F382.pdf (Abrufdatum: 27.06.2023)

110 Mehr zur Entstehung der Phrase »Survival oft the Fittest« finden Sie online unter https://www.bl.uk/collection-items/first-use-of-the-phrase-survival-of-the-fittest (Abrufdatum: 27.06.2023)

111 Was sich hinter dem »Netzwerkeffekt« verbirgt, das können Sie online nachlesen unter https://blog.iao.fraunhofer.de/the-winner-takes-it-all-marktkonzentration-bei-digitalen-plattformen/ (Abrufdatum: 08.04.2023)

112 Hintergrundinformationen zu Joseph Schumpeter und zum Thema »schöpferische Zerstörung« erhalten Sie online unter https://www.bpb.de/kurz-knapp/lexika/lexikon-der-wirtschaft/20588/schoepferische-zerstoerung/ (Abrufdatum: 13.04.2023)

113 Mehr zur Aussage, dass die Evolution nach dem »Trial and Error«-Prinzip erfolgen würde, finden Sie online unter https://www.nature.com/articles/474032a (Abrufdatum: 30.06.2023)

114 Eine anschauliche Erklärung zum Wasserfallmodell gibt es online unter https://bvik.org/b2b-glossar/wasserfallmodell/ (Abrufdatum: 30.06.2023)

115 Das Portal finden Sie online unter http://darwin-online.org.uk (Abrufdatum: 29.06.2023)

116 Einen fundierten Artikel zu den rassistischen Ansichten Darwins können Sie online einsehen unter https://science.orf.at/stories/3206682/ (Abrufdatum: 06.04.2023)

117 Mehr zur frauenfeindlichen Haltung Darwins erfahren Sie online unter https://www.darwinproject.ac.uk/learning/universities/women-and-science/ darwin-public-and-private(Abrufdatum: 06.04.2023)

118 Einen guten Überblick über Darwins Irrtümer bekommen Sie online unter https://www.tagesspiegel.de/wissen/stimmt-nicht-wo-darwin-irrte-6509566. html (Abrufdatum: 09.04.2023)

119 Ebenda

120 Mehr zur Doppelhelixstruktur der DNA gibt es online unter https://profiles. nlm.nih.gov/spotlight/sc/feature/doublehelix (Abrufdatum: 13.04.2023)

121 Spannende Fakten zum menschlichen Erbgut können Sie online nachlesen unter https://www.ardalpha.de/wissen/gesundheit/menschliches-erbgut- dna-gen-human-genom-project-venter-gene-100.html (Abrufdatum: 05.07.2023)

122 Was es mit dem horizontalen Gentransfer auf sich hat, das erfahren Sie online unter https://science.orf.at/stories/3220062/ (Abrufdatum: 30.06.2023)

123 Ebenda

124 Mehr zu den Forschungen von Gil G. Rosenthal und Michael J. Ryan finden Sie online unter https://www.science.org/doi/10.1126/science.abi6308 (Abrufdatum: 10.03.2023)

125 Das Zitat können Sie online nachlesen unter https://science.orf.at/stories/ 3211096/ (Abrufdatum: 05.07.2023)

126 Jerry Bergman, The Dark Side of Charles Darwin – A Critical Analysis of an Icon of Science, Kapitel 10, Verlag: New Leaf Publishing Group, Green Forest (2011)

127 Jerry Bergman, The Three Pillars of Evolution Demolished – Why Darwin was wrong, Vorwort, Verlag: WestBow Press, Bloomington (2022)

128 Mehr über Agustín Fuentes und seine kritische Haltung gegenüber Darwin erfahren Sie online unter https://science.orf.at/stories/3206682/ (Abruf- datum: 11.03.2023)

129 Jeremy Desilva, A Most Interesting Problem: What Darwin's Descent of Man Got Right and Wrong About Human Evolution, Verlag: Princeton University Press, Princeton (2021)

130 Ein kurzes Video von Michael J. Behe zu Darwins Theorien finden Sie online unter: https://www.youtube.com/watch?v=zTtLEJABbTw

131 Mehr zum Ursprung dieses geflügelten Worts finden Sie online unter https:// www.wortbedeutung.info/errare_humanum_est/ (Abrufdatum: 08.04.2023)

132 Das Bekenntnis der Anglikanischen Kirche können Sie über folgenden Link downloaden: https://www.theology.de (Abrufdatum: 09.07.2023

133 Diese Aussage Darwins können Sie online nachlesen unter https:// christiananswers.net/q-aig/darwin.html (Abrufdatum: 11.04.2023)

134 Mehr über Darwins Einstellung zum christlichen Glauben erfahren Sie online unter https://www.theguardian.com/commentisfree/belief/2009/sep/17/darwin-evolution-religion (Abrufdatum: 08.04.2023)

135 Wissenswertes zur berühmten Uhrmacher-Analogie gibt es online unter http://darwin-online.org.uk/content/frameset?itemID=A142&pageseq=1&viewtype=text, Kapitel I, V. (Abrufdatum: 08.04.2023)

136 Diese Aussage Darwins über Paleys Werk können Sie online nachlesen unter https://christiananswers.net/q-aig/darwin.html (Abrufdatum: 11.04.2023)

137 Das Zitat aus Darwins Memoiren finden Sie online unter https://academic.oup.com/ije/article/38/6/1425/674687 (Abrufdatum: 08.04.2023)

138 E. Janet Browne, Charles Darwin: A Biography, Vol. 1 – Voyaging, Seite 499, Verlag: Knopf, New York (1995)

139 Mehr über Darwins Brief an Frederick McDermott erfahren Sie online unter https://www.darwinproject.ac.uk/letter/DCP-LETT-12851.xml (Abrufdatum: 11.04.2023)

140 Den Times-Artikel von Nick Spencer können Sie online abrufen unter https://www.thetimes.co.uk/article/god-evolution-and-charles-darwin-7xlplps09cl (Abrufdatum: 11.04.2023)

141 Randal Keynes: Annies Schatulle, Charles Darwin, seine Tochter und die menschliche Evolution, Verlag: Argon Verlag, Berlin (2002)

142 Mehr darüber, wie sehr der Tod seiner Tochter die wissenschaftliche Arbeit Darwins beeinflusst hat, erfahren Sie online unter https://www.perlentaucher.de/buch/randal-keynes/annies-schatulle.html#reviews (Abrufdatum: 10.04.2023)

143 Einen Trailer zum Film »Creation« und weitere Informationen finden Sie online unter https://www.imdb.com/title/tt0974014/ (Abrufdatum: 10.04.2023)

144 Diese Aussage Darwins können Sie online einsehen unter https://www.newyorker.com/magazine/2006/10/23/rewriting-nature (Abrufdatum: 06.04.2023)

145 Mehr zum Werk von Karl Popper erfahren Sie online unter https://www.phil.cmu.edu/projects/carnap/editorial/latex_pdf/1935-9.pdf (Abrufdatum: 02.07.2023)

146 Herbert Keuth, Logik der Forschung, 11. Auflage, Vorwort, Verlag: Mohr Siebeck, Tübingen (2005)

147 Mehr zu Darwins Vergleich der Natur mit einem Kriegsschauplatz können Sie online nachlesen unter http://darwin-online.org.uk/content/frameset?itemID=F1556&viewtype=text&pageseq=1 – siehe Facsimile des Essay von 1844 (Abrufdatum: 12.04.2023)

148 Hintergrundwissen zur »Malthusianischen Katastrophe« bekommen Sie

online unter https://www.deutschlandfunk.de/thomas-robert-malthus-der-nationaloekonom-und-die-angst-vor-100.html (Abrufdatum: 09.07.2023)

149 Das Zitat von Albert Einstein können Sie online einsehen unter https://scienceblogs.de/astrodicticum-simplex/2015/06/21/albert-einstein-das-sterben-der-bienen-und-das-ominoese-zitat/ (Abrufdatum: 29.06.2023)

150 Zitiert nach: https://www.zeit.de/2008/42/ST-Darwin/seite-2 (Abrufdatum: 02.06.2023)

151 Diese berühmte Passage aus der Schöpfungsgeschichte finden Sie online unter https://www.bibelstudium.de/articles/4067/die-krone-der-schoepfung.html (Abrufdatum: 02.07.2023)

152 Mehr über die Entscheidung der Türkei erfahren Sie online unter https://www.deutschlandfunk.de/schule-in-der-tuerkei-darwins-lehre-wird-vom-lehrplan-100.html (Abrufdatum 19.07.2023)

153 Hintergrundwissen zur künftigen Verwendung von Darwins Theorien im Schulunterricht in Indien finden Sie online unter https://www.scientificamerican.com/article/india-cuts-periodic-table-and-evolution-from-school-textbooks/

154 Mehr zum Begriff Symbiose können Sie online nachlesen unter https://www.deutsche-biographie.de/sfz2179.html (Abrufdatum: 29.06.2023)

155 Grundlegende Informationen zum Thema Symbiose gibt es online unter https://www.galileo.tv/natur/symbiose-definition-beispiele/ (Abrufdatum 06.07.2023)

156 Spannende Hintergrundinformationen zum Pollenflug finden Sie online unter https://kaernten.orf.at/stories/3197970/ (Abrufdatum: 12.04.2023)

157 Interessantes Hintergrundwissen zur lebenslangen Symbiose von Menschen und Darmbaktieren bekommen Sie online unter https://www.spiegel.de/wissenschaft/mensch/darmflora-bakterien-bleiben-menschen-bis-zum-tod-treu-a-909472.html (Abrufdatum: 06.07.2023)

158 Mehr zur Gesetzesänderung in Spanien gibt es online unter https://orf.at/stories/3309112/ (Abrufdatum: 17.03.2023)

159 Das Interview mit der ehemaligen BASF-Vorständin Saori Dubourg können Sie online abrufen unter https://www.forbes.at/artikel/werte-als-waehrung.html (Abrufdatum: 13.04.2023)

160 Grundlegende Informationen über das japanische Unternehmensnetzwerk Keiretsu gibt es online unter https://www.investopedia.com/articles/economics/09/japanese-keiretsu.asp (Abrufdatum: 02.07.2023)

161 Die Entstehungsgeschichte von Apple können Sie online nachlesen unter https://www.atlasobscura.com/places/apple-garage (Abrufdatum: 02.07.2023)

162 Carl J. Schramm, Burn the Business Plan: What Great Entrepreneurs Really Do, Kapitel 9, Abschnitt »Beware the Toxic Mentor«, Verlag: Simon & Schuster, New York (2018)

Über den Autor

Reinhold M. Karner, kurz »RMK«, ist DER Praxis-Dozent und Autor für erfolgreiches Unternehmertum. Bekannt als »DER·ERFOLG·REICH·MACHER« oder »Mr. Unternehmertum« ist er Orientierungsgeber für Gründer, Startups, KMU und Firmengruppen. Wobei »REICH« nicht schnelles Geld, sondern wahren Reichtum in Form von fundamentalen Werten, verantwortungsbewusstem Handeln und nachhaltigem Wohlstand meint.

RMK schöpft aus über 40 Jahren Erfahrung als vielfach ausgezeichneter Unternehmer. Beispielsweise war er »Bester der besten Unternehmensberater« Österreichs, »IT-Unternehmer des Jahres« und »Unternehmer-Shootingstar« mit den landesweit besten Kennzahlen. Mit seinem 360-Grad-Blick auf Chancen und Risiken des Unternehmertums vertritt er einen radikal praktischen Ansatz, der die Brücke zwischen Praxis und Wirtschaftstheorie schlägt – und für jedes Unternehmen und jede Branche gleichermaßen funktioniert.

RMK ist mit seinen Lebenserfahrungen, seinen Ideen sowie Dos and Don'ts eine Art »Shortcut« auf dem Weg zum langfristig erfolgreichen, verantwortungsvollen und dabei entspannten und begeisterten Unternehmertum. Ein großes Anliegen ist es ihm, junge Unternehmerinnen und Unternehmer zu fördern. Daher ist er als Start-up-Mentor und als Dozent für mehrere international anerkannte Hochschulen tätig. Zudem ist er ein international gefragter Vortragsredner, Kolumnist, Aufsichtsrat und Aufsichtsratsvorsitzender sowie Fellow und Ambassador der The RSA London (The Royal Society for Arts, Manufactures and Commerce).

RMK ist seit über 40 Jahren glücklich verheiratet, Vater zweier Söhne und lebt in Tirol und auf Malta.